COLLECTION PAYOT

H. ANDOYER

MEMBRE DE L'ACADÉMIE DES SCIENCES ET DU BUREAU DES LONGITUDES
PROFESSEUR A LA SORBONNE

L'ŒUVRE SCIENTIFIQUE DE LAPLACE

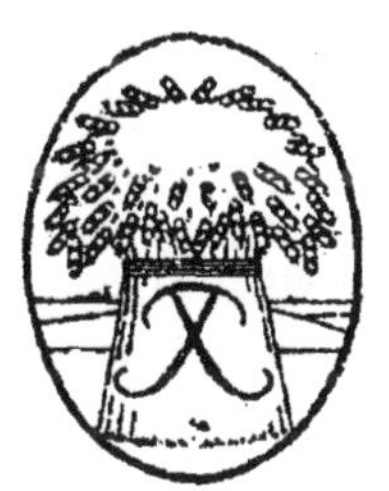

PAYOT & CIE, PARIS
106, BOULEVARD SAINT-GERMAIN

1922

TABLE DES MATIÈRES

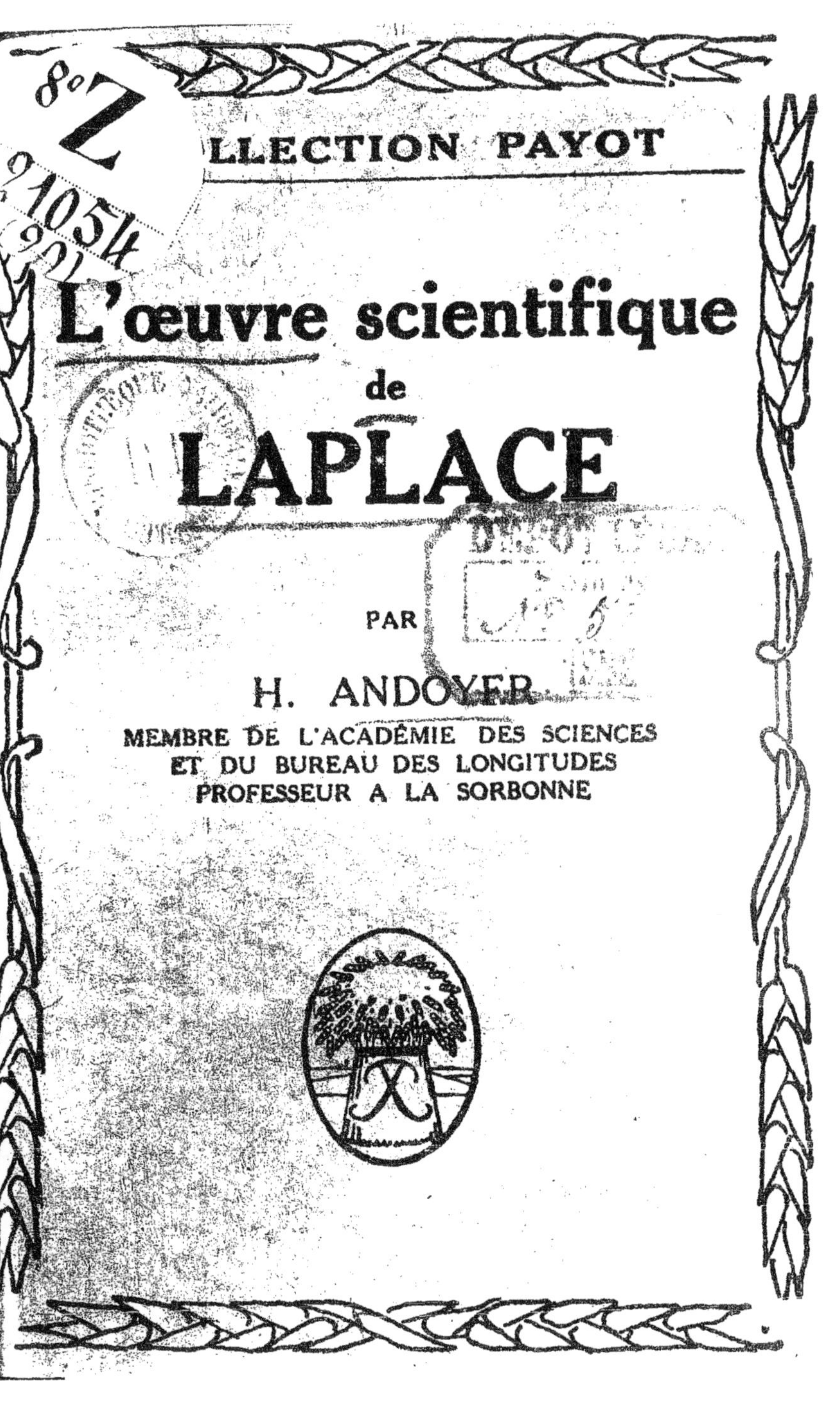

COLLECTION PAYOT

L'œuvre scientifique de LAPLACE

PAR

H. ANDOYER
MEMBRE DE L'ACADÉMIE DES SCIENCES
ET DU BUREAU DES LONGITUDES
PROFESSEUR A LA SORBONNE

CHAPITRE PREMIER

RÉSUMÉ BIOGRAPHIQUE. PREMIER APERÇU SUR L'ŒUVRE DE LAPLACE

Parmi les innombrables savants dont la France s'enorgueillit à juste titre, Laplace est un des plus illustres : le *Traité de Mécanique céleste*, l'*Exposition du Système du Monde*, la *Théorie analytique des Probabilités*, ont rendu son nom immortel.

Pierre-Simon Laplace est né à Beaumont-en-Auge, petit bourg de Basse-Normandie, près de Pont-l'Évêque, le 23 mars 1749 ; son père était un modeste cultivateur. Il est vraisemblable que la manifestation précoce d'une intelligence supérieure le fit admettre à suivre les cours du Collège de Beaumont, dirigé par les bénédictins de Saint-Maur. A peine âgé de vingt ans, le jeune Laplace vient à Paris et conquiert, par son mérite bien plus que par les recommandations, l'appui de d'Alembert, qui lui fait obtenir une place de professeur de mathématiques à l'École royale militaire. Dès lors, commence pour Laplace une période d'activité scientifique prodigieuse : il présente coup sur coup à l'Académie des Sciences de nombreux mémoires, ainsi qu'en fait foi le passage suivant d'une lettre à Condorcet, du 3 décembre 1771 : [En repassant sur les différents mémoires que j'ai présentés jusqu'ici à l'Académie...] [1] Nous lisons aussi dans la préface du tome VI des mémoires présentés par divers savants à l'Académie des Sciences (*Savants étrangers*, 1774), qui contient les premiers travaux de Laplace publiés en France, la note suivante :

Ces deux mémoires de M. de la Place ont été choisis parmi un très grand nombre qu'il a présentés depuis trois ans à l'Académie, où il remplit actuellement une place de géomètre. Cette Compagnie, qui s'est empressée de récompenser ses travaux et ses talents, n'avait encore vu personne aussi jeune lui présenter en si peu de temps tant de mémoires importants, et sur des matières si diverses et si difficiles.

En effet, Laplace était entré à l'Académie comme adjoint-mécanicien, le 24 avril 1773 ; plus tard, il devint associé le 25 janvier 1783 puis pensionnaire le 23 avril 1785. Il faut ajouter que déjà, en mars 1772, il s'en était fallu de peu qu'il fût nommé comme adjoint-géomètre ; mais on lui avait préféré Cousin, et il n'avait obtenu que les secondes voix, suivant l'expression du temps. A la suite de cet échec, qui semble lui avoir été fort sensible, et dans le but de consacrer tout son temps aux recherches scientifiques, il désira un moment entrer, « avec une pension suffisante, » à l'Académie des Sciences de Berlin, où Frédéric II appelait les plus illustres savants de l'Europe. C'est d'Alembert, membre de cette Académie, qui se chargea de la négociation ; le 1er janvier 1773, il écrit à son confrère Lagrange à ce sujet, présentant ainsi son protégé : « Ce jeune homme a beaucoup d'ardeur pour la géométrie, et je lui crois assez de talent pour s'y distinguer. » Lagrange, tout en se montrant favorable à ce projet, répondit en faisant les plus sages réserves, et l'affaire n'eut pas d'autre suite, Laplace étant

1. Nous informons le lecteur que les citations empruntées à Laplace sont mises entre [ ].

entré à l'Académie de Paris dès le mois d'avril suivant.

En parcourant les titres des mémoires qui remplissent les volumes de l'ancienne Académie des Sciences jusqu'à sa disparition en 1793, et sur lesquels nous reviendrons plus longuement, on constate bien vite que les recherches de Laplace s'orientent dès le début dans deux directions dont elles ne s'écarteront plus que bien rarement : les unes tendent au perfectionnement de la théorie des probabilités, surtout au point de vue de leurs applications dans la vie civile ; les autres sont consacrées à l'étude du mouvement et de la figure des astres, comme conséquence de l'unique principe de la gravitation universelle.

Dès 1773, Laplace montre que le moyen mouvement des planètes n'a pas d'inégalités séculaires ; plus tard, en 1784, il découvre la cause des grandes inégalités du mouvement de Jupiter et de Saturne, et fixe les limites entre lesquelles peuvent varier les excentricités et les inclinaisons des orbites planétaires ; en 1787 il explique l'accélération séculaire de la longitude moyenne de la Lune. Tels sont les résultats culminants de ses recherches, qui lui assurent une renommée universelle et lui donnent la première place parmi les géomètres contemporains.

En même temps, il poursuit de nombreux travaux sur la figure de la Terre, sur la théorie des marées ; et afin de résoudre les problèmes de la théorie des probabilités, il développe de nouvelles méthodes d'intégration des équations aux différences finies ou infiniment petites, et un procédé extrêmement remarquable pour le calcul approché des formules qui sont fonctions de très grands nombres.

En 1784, il fait paraître une *Théorie du mouvement et de la figure elliptique des planètes* : la première page de ce livre nous apprend que Laplace est maintenant examinateur des élèves et aspirants du Corps royal de l'artillerie, inspecteur et examinateur des élèves de l'école du génie de la marine.

Rappelons à ce sujet qu'au commencement de l'année 1776 l'organisation de l'École Militaire avait été complètement modifiée, et que Laplace avait dû y abandonner sa situation, puisqu'une pension de six cents livres lui était allouée à partir du 1er août 1776, « en raison des services rendus comme professeur de mathématiques ». Mais il avait succédé comme examinateur de l'Artillerie à Bezout, mort en 1783, augmentant par là sa fortune « qui jusque là avait été très bornée » ; c'est en cette qualité sans doute qu'il rencontra pour la première fois le jeune Bonaparte, puisqu'en floréal an XII, il lui écrira : [Je viens de proclamer, aux acclamations du peuple, empereur des Français, le héros à qui j'eus l'avantage, il y a vingt ans, d'ouvrir la carrière qu'il a parcourue avec tant de gloire et de bonheur pour la France.]

Mais revenons au premier ouvrage de Laplace, véritable embryon de la *Mécanique céleste*, bien qu'il le qualifie lui-même de « bagatelle », quand il l'envoie à Lagrange ; nous lisons en effet dans la préface : [...Cette propriété m'a fait naître depuis longtemps l'idée d'exposer dans un ouvrage particulier les principaux résultats du mouvement et de la figure elliptique des planètes.] Cet ouvrage, tiré à deux cents exemplaires seulement, et non mis en vente, avait été imprimé aux frais de Bochart de Saron, président au Parlement de Paris, honoraire de l'Académie des Sciences. Ce magistrat « également distingué par son rang, par sa naissance et par ses lumières », était un habile mathématicien, en même temps qu'un calculateur passionné ; il s'intéressait également aux sciences mécaniques et physiques, témoin cet ellipsoïde de révolution qu'il avait fait lui-même au tour, pour les expériences de Coulomb sur l'électricité : il devait périr sur l'échafaud en 1794.

La Terreur dispersa les anciennes Académies ; pendant leur agonie, nous voyons Laplace faire partie de la Commission des poids et mesures ; mais le décret du 3 nivôse an II vient l'en arracher, en même temps que Borda, Lavoisier, Coulomb, Brisson et Delambre : ces hommes n'étaient pas suffisamment « dignes de confiance pour leurs vertus républicaines et leur haine pour les rois. »

A cette époque, Laplace vit retiré à Melun, et y rédige l'*Exposition du Système du Monde*, ainsi que, probablement, les premiers livres de la *Mécanique céleste*. C'est auprès de lui, et malgré ses avertissements, que l'infortuné Bailly vient imprudemment chercher un refuge qui devait lui être fatal. C'est dans cette retraite encore que Laplace fait la connaissance de Bouvard, qui devient dès ce moment son ami et son collaborateur infatigable et dévoué, pour l'exécution de presque tous les calculs exigés par la mise en nombres des théories de la *Mécanique céleste*.

La tourmente révolutionnaire passée, une vie nouvelle commence pour Laplace : son activité scientifique demeure la même, mais il réunit ses travaux antérieurs pour leur donner la forme définitive de traités didactiques ; en même temps, il se mêle à la vie politique, et reçoit les honneurs dus à son génie.

Le 6 nivôse an III (26 décembre 1794), Laplace est adjoint à Lagrange pour professer les mathématiques à l'éphémère École normale créée par la Convention : il y fit dix leçons depuis le 1er pluviôse jusqu'au 21 floréal. Notons que le doyen des élèves était l'illustre navigateur Bougainville, alors âgé de soixante-six ans ; un autre élève qui s'y fit bientôt distinguer était le géomètre Fourier.

La loi du 7 messidor de la même année (25 juin 1795) fonde le Bureau des Longitudes et désigne encore Lagrange et Laplace pour y remplir les deux places réservées aux géomètres. Dès la création de l'Institut national des Sciences et Arts, ces mêmes savants sont les deux membres résidants de la section de mathématiques de la première classe (sciences physiques et mathématiques), nommés par l'arrêté du 29 brumaire an IV (20 novembre 1795). La classe se réunit pour la première fois le 6 nivôse suivant, et Laplace est élu vice-président du bureau provisoire, puis devient président pour le deuxième semestre de l'an IV. A la réorganisation de l'Institut en 1803, Laplace fait partie de la section de géométrie ; il en est de même en 1816, quand la première classe de l'Institut reprend le nom d'Académie des Sciences.

Le 11 avril 1816, Laplace qui faisait déjà partie depuis longtemps de la Société Royale de Londres et de nombreuses Académies étrangères, fut élu membre de l'Académie française. Ce choix était amplement justifié : mais il faut rappeler que l'ordonnance royale du 21 mars avait nommé seulement neuf membres pour remplacer les onze qui étaient exclus comme partisans de l'Empire, et que les élections du 11 avril pour les deux places qui restaient à remplir ne paraissent pas avoir été entièrement spontanées ; d'ailleurs aucun des nouveaux académiciens ne prononça de discours de réception.

Il suffira de quelques mots pour résumer la vie politique de Laplace. Au lendemain du 18 brumaire, le Premier Consul, qui avait connu Laplace comme confrère à l'Institut, et qui tenait à s'appuyer sur les savants, le nomma ministre de l'Intérieur. Le soir même, raconte Arago, le nouveau ministre demandait une pension de deux mille francs pour la veuve de Bailly, réduite à la plus cruelle misère, et le lendemain matin, de bonne heure, Madame Laplace en portait elle-même le premier semestre à cette victime des passions de l'époque. « C'était débuter noblement » : mais le grand géomètre n'avait pas les qualités nécessaires pour remplir ses nouvelles fonctions, vérifiant une fois de plus le mot de Pascal :

> Étant accoutumés aux principes nets et grossiers de géométrie, et à ne raisonner qu'après avoir bien vu et manié leurs principes, les géomètres se perdent dans les choses de finesse, où les principes ne se laissent pas ainsi manier...

Il abandonna le ministère à Lucien Bonaparte au bout de quelques semaines, pour entrer au Sénat Conservateur dont il devint chancelier en 1803, après en avoir été vice-président et président.

Le 25 vendémiaire an XIII, Madame Laplace est nommée dame d'honneur de la princesse Elisa.

Grand officier de la Légion d'honneur à la création de cet ordre, comte de l'Empire en 1808, dignitaire de l'ordre de la Réunion, Laplace vota la déchéance de Napoléon en 1814, ne retourna pas aux Tuileries pendant les Cent Jours, fut créé pair de France, puis marquis et grand'croix de la Légion d'honneur par Louis XVIII.

Les exemples d'une telle évolution sont trop fréquents à cette époque troublée par tant d'événements et de passions contradictoires, pour que nous ne soyons pas portés à nous montrer très réservés dans nos jugements à leur égard : aussi bien la seule chose qui nous importe ici est de savoir, avec Arago, si :

> Le chancelier du Sénat, jouissant de plus de cent mille livres de rente, cherchait avec moins de passion que le simple académicien Laplace, à rattacher toutes les inégalités, toutes les perturbations du mouvement des astres au principe de l'attraction universelle ;

à étendre le pouvoir de l'analyse aux phénomènes de la physique terrestre ; à enchaîner par des formules jusqu'à ces résultats du monde moral, dont le vulgaire donne tous les honneurs à une cause mystérieuse, au hasard.

Revenons donc aux véritables titres de gloire de Laplace. En 1796, il fait paraître l'*Exposition du Système du Monde*, déjà annoncée dans sa dernière leçon aux Écoles normales. Comme le dit encore Arago :

Cet ouvrage, écrit avec une noble simplicité, une exquise propriété d'expression, une correction scrupuleuse, est classé aujourd'hui, d'un sentiment unanime, parmi les beaux monuments de la langue française.

Plusieurs éditions se succèdent rapidement : la cinquième est de 1824 ; peu de temps avant sa mort, Laplace s'occupait d'une nouvelle réimpression, qui n'a paru qu'en 1835.

Les deux premiers volumes du *Traité de Mécanique céleste* sont de l'an VII (1798-1799) ; le troisième est de l'an XI, le quatrième de l'an XIII (1805) ; le cinquième et dernier date de 1825. Comme l'*Exposition*, la *Mécanique céleste* est aussitôt traduite à l'étranger, en anglais et en allemand. La traduction la plus estimée est ultérieure : c'est celle des quatre premiers volumes de la *Mécanique céleste*, avec notes et commentaires, par Nathaniel Bowditch (Boston, 1829-1839) ; ce savant s'est astreint en effet à refaire tous les calculs dans leurs moindres détails, et à rétablir les intermédiaires si souvent supprimés par Laplace, de façon à ne laisser aucun point dans l'ombre.

La *Théorie analytique des Probabilités* a paru en 1812 ; mais une lettre de Laplace à Lagrange, du 10 février 1783, nous montre que, dès ce moment, il travaillait à un ouvrage sur la « théorie des hasards ». La seconde édition date de 1814, et comprend une introduction publiée séparément sous le titre d'*Essai philosophique sur les probabilités* : c'est le développement de la dernière leçon aux Écoles normales. La troisième édition, définitive, est de 1820 ; l'introduction a reçu encore une nouvelle extension, et quatre suppléments (le dernier de 1825 seulement) terminent l'ouvrage.

En même temps, Laplace continue de donner de nombreux mémoires à l'Institut et au Bureau des Longitudes, perfectionnant sans cesse ses recherches antérieures, et les étendant vers le domaine de la Physique mathématique ; en particulier, il établit une théorie des actions capillaires, et donne pour la première fois, en 1816, la formule exacte de la vitesse du son dans l'air.

Laplace avait trouvé le bonheur dans son union (mars 1788) avec Mlle Charlotte Courty, qui lui donna un fils et une fille. Son fils fut d'abord élève de l'École Polytechnique et de l'École de Metz, fit sa carrière dans les armes, et devint général ; Mlle Laplace, devenue Madame de Portes, mourut à vingt et un ans en 1813, à la suite de couches, laissant une fille qui devait épouser le marquis de Colbert. La lettre suivante, écrite par Laplace à son fils le 17 juin 1809, nous permettra d'apprécier en quelque mesure ses sentiments intimes : [C'est avec bien du regret, mon ami, que je te vois partir de Metz sans que je puisse t'embrasser et te donner ma bénédiction. J'espère que tu te feras honneur dans la noble carrière que tu vas parcourir. Tu seras ma consolation et celle de ta mère. Je prie Dieu qu'il veille sur tes jours. Aie-le toujours présent à ta pensée, ainsi que ton père et ta mère. Songe que de toi dépend principalement notre bonheur. Malheureusement, retenu à Paris par mes fonctions, je ne puis te témoigner que par écrit combien je t'aime et combien je désire que tu te distingues en servant utilement ton pays.]

En 1806, Laplace avait acquis à Arcueil une propriété toute voisine de celle de son confrère et ami Berthollet, l'illustre chimiste. C'est là que prit naissance la célèbre *Société d'Arcueil*, qui a publié trois volumes de mémoires. Laplace et Berthollet réunissaient périodiquement un très petit nombre de savants plus jeunes, leurs élèves pour la plupart, afin de s'entretenir avec eux librement des plus hautes questions scientifiques, particulièrement de celles qui relèvent de la Physique générale ; parmi les plus connus, on peut citer Chaptal, Humboldt, de Candolle, Thénard, Gay-Lussac, Malus, Arago, Dulong, Biot, Poisson.

Comme l'a expliqué ailleurs Laplace : [Une telle réunion devient nécessaire quand le progrès des sciences multipliant leurs points de contact, et ne permettant plus à un seul homme de les approfondir toutes, elles ne peuvent recevoir que de plusieurs savants les secours mutuels qu'elles se demandent. Alors le physicien a recours au géomètre pour s'élever aux causes générales des phénomènes qu'il observe, et le géomètre interroge à son tour le physicien pour rendre ses recherches utiles en les appliquant à l'expérience, et pour se frayer, par ces applications mêmes, de nouvelles routes dans l'Analyse... Le savant isolé peut se livrer sans crainte à l'esprit de système ; il n'entend que de loin la contradiction qu'il éprouve. Mais dans une société savante, le choc des opinions systématiques finit bientôt par les détruire, et le désir de se convaincre mutuellement établit nécessairement entre les membres la convention de n'admettre que les résultats de l'observation et du calcul... Mesurant leur estime autant à la grandeur et à la difficulté d'une découverte qu'à son utilité immédiate, et persuadées par beaucoup d'exemples que la plus stérile en apparence peut avoir un jour des suites importantes, les sociétés savantes ont encouragé la recherche de la vérité sur tous les objets, n'excluant que ceux qui, par les bornes de l'entendement humain, lui seront à jamais inaccessibles.]

Ces paroles destinées à démontrer l'utilité des sociétés savantes, sont aussi une véritable profession de foi : elles nous montrent de la façon la plus claire comment Laplace entendait et limitait le rôle de la science.

C'est dans sa maison d'Arcueil que Laplace goûtait pleinement la douceur intime de la vie de famille. C'est dans son cabinet d'Arcueil, où le portrait de Racine faisait face à celui de Newton, qu'il aimait à se retirer pour se livrer à ses profondes recherches ; c'est là qu'il recevait avec une grande courtoisie, toujours un peu cérémonieuse, les savants qui venaient de tous les pays lui présenter leurs hommages et solliciter ses conseils ; c'est là aussi, que s'affranchissant un moment de l'extrême contention d'esprit qui lui était habituelle, il aimait entretenir librement et avec la plus grande bienveillance ses élèves de prédilection, parmi lesquels ont peut citer Biot et Poisson.

Il devint, dit Pastoret, pour les jeunes gens qui entraient dans la carrière, pour les savants et les hommes de lettres qui commençaient à se distinguer, un guide aussi constant qu'aimable. Tous ceux qui s'adressaient à lui, lui durent des encouragements et des lumières. Ce n'était pas seulement envers les sciences qu'il acquittait ainsi sa dette ; c'était envers tout ce qui était utile aux lettres... Rien de ce qui pouvait servir à éclairer, à unir, à civiliser les hommes ne lui restait indifférent.

Laplace mourut à Paris, après une courte maladie, le 5 mars 1827, cent ans après Newton, presque jour pour jour. Dans le délire qui précède l'instant suprême, il parlait encore avec enthousiasme de découvertes à faire et d'expériences à réaliser, et l'une de ses dernières paroles fut, dit-on : « Ce que nous savons est peu de chose ; ce que nous ignorons est immense. »

Son éloge fut prononcé à la Chambre des Pairs le 2 avril 1827, par le marquis de Pastoret, à l'Académie des Sciences le 15 juin 1829, par le baron Joseph Fourier, secrétaire perpétuel ; il fut remplacé à l'Académie française par Royer-Collard, qui prit séance le 13 novembre 1827, reçu par le comte Daru.

Malgré que les deux premiers volumes de la *Mécanique céleste* eussent été réimprimés en 1829, les œuvres de Laplace étaient devenues fort rares en librairie dès 1842. Madame de Laplace et son fils se préparaient à publier une nouvelle édition, devenue nécessaire, des sept volumes qui assurent la gloire de leur nom, lorsque le Ministre de l'Instruction publique proposa au Parlement de faire exécuter cette réimpression aux frais de l'État ; cette proposition, soutenue par Arago à la Chambre des députés, fut adoptée avec empressement (loi du 15 juin 1842).

Cette nouvelle édition, dite édition du Gouvernement, se trouvait elle-même à peu près épuisée en 1874 : elle n'était pas d'ailleurs d'une correction irréprochable. Grâce aux ressources considérables mises à sa disposition par le général de Laplace et Madame la marquise de Colbert, sa nièce, l'Académie des Sciences décida, dans sa séance du 16 juillet 1877, de publier sous ses auspices et sous sa responsabilité une nouvelle édition complète, qui comprendrait non seulement les ouvrages devenus classiques réimprimés en 1842, mais encore tous les mémoires publiés par Laplace dans les recueils académiques et scientifiques, permettant ainsi « de comparer la forme définitive de la pensée de l'auteur aux études par lesquelles il s'était préparé pendant de longues années à élever le monument qui a rendu son nom inséparable de celui de Newton. »

Cette nouvelle édition est un chef-d'œuvre de correction et d'exécution typographique ; le premier volume a paru en 1878, le quatorzième et dernier en 1912.

CHAPITRE II

LES CARACTÉRISTIQUES DE L'ŒUVRE DE LAPLACE

Pour apprécier à leur juste valeur les travaux des siècles précédents, il ne suffit pas d'étudier dans quelle mesure ils font encore partie du domaine de la science, mais il faut aussi se placer, par la pensée, dans le milieu même où ils ont pris naissance. La science avance d'une façon continue sans doute, mais par vagues successives, à la façon d'une marée toujours montante ; ses conquêtes ne se réalisent pas d'un seul coup, mais par les efforts pressés et convergents des savants d'une même époque ; après les tentatives répétées de plusieurs pour approcher d'une vérité, il en vient un qui la fixe définitivement, et tous repartent inlassablement à la poursuite de nouvelles lumières. Comme l'a dit Laplace lui-même : [Il n'en est pas des sciences comme de la littérature. Celle-ci a des limites qu'un homme de génie peut atteindre lorsqu'il emploie une langue perfectionnée. On le lit avec le même intérêt dans tous les âges, et sa réputation, loin de s'affaiblir par le temps, s'augmente par les vains efforts de ceux qui cherchent à l'égaler. Les sciences au contraire, sans bornes comme la nature, s'accroissent à l'infini par les travaux des générations successives ; le plus parfait ouvrage, en les élevant à une hauteur d'où elles ne peuvent plus désormais descendre, donne naissance à de nouvelles découvertes, et prépare ainsi des ouvrages qui doivent l'effacer.]

Pour nous rendre compte de la direction que devaient presque nécessairement prendre les recherches de Laplace au moment où, s'étant rendu maître à vingt ans de tout ce qu'on pouvait alors apprendre, il était prêt à participer lui-même aux efforts des meilleurs géomètres pour le progrès de la science, nous devons donc examiner tout d'abord quelle était l'orientation de ce progrès. Sans doute Newton avait énoncé de la façon la plus générale le principe de la gravitation universelle, et en avait tiré quelques conséquences relatives au mouvement des planètes, des comètes et des satellites, à la figure de la Terre et au déplacement de son axe, aux oscillations de la mer ; mais les ressources si puissantes de l'analyse lui faisaient défaut pour établir autre chose qu'une ébauche de Mécanique céleste ; la complication des problèmes exigeait plus qu'une simple synthèse. La gravitation était-elle suffisante pour représenter avec exactitude tous les phénomènes ? c'est ce qu'il était encore impossible de décider, et devant la multiplicité des forces perturbatrices perpétuellement changeantes qu'il fallait prendre en considération, Newton alla jusqu'à supposer que le système planétaire ne renfermait pas en lui-même des éléments de stabilité indéfinie, et qu'une intelligence toute puissante devait intervenir en temps utile pour remettre le système en ordre.

Après la mort de Newton, et à la suite des progrès immenses réalisés par l'analyse, spécialement dans l'art d'intégrer les équations différentielles, l'attention du monde savant se concentra bientôt sur l'étude plus approfondie des conséquences du principe de la pesanteur universelle, encore combattu par quelques partisans de plus en plus rares du système des tourbillons, imaginé par Descartes. L'Académie des Sciences de Paris faisait mesurer par ses membres les degrés du méridien terrestre à diverses latitudes, en même temps que la longueur du pendule à secondes ; elle proposait successivement pour sujets de ses prix les problèmes dont la solution devait faire apparaître de la façon la plus sensible l'accord ou le désaccord de la théorie avec l'observation. Euler, les Bernoulli, Clairaut, d'Alembert, Lagrange, se faisaient particulièrement remarquer dans ce tournoi ; des approximations insuffisantes les conduisaient plus d'une fois à rejeter la loi de Newton, mais un examen plus approfondi les y ramenait. Cependant, il restait encore plusieurs phénomènes rebelles, dont l'explication paraissait exiger l'intervention de causes étrangères inconnues : aussi, n'est-il pas surprenant que Laplace ait entrepris de les examiner de nouveau avec la plus scrupuleuse attention, et qu'ayant réussi à les ramener l'un après l'autre à l'ordre général, ainsi que nous le verrons avec quelque détail dans les Chapitres suivants, il ait fait de la Mécanique céleste son étude favorite, bien décidé à en poursuivre les théories jusqu'à leurs plus extrêmes conséquences ; et c'est à bon droit qu'il a pu dire, à propos de la gravitation universelle : [Tel a été le sort de cette brillante découverte, que chaque difficulté qui s'est élevée est devenue pour elle un nouveau sujet de triomphe.]

D'autre part, le calcul des probabilités, ou comme on disait alors, la théorie des hasards, prenait au cours du XVIIIe siècle une importance de plus en plus grande ; sans insister actuellement sur ses origines et son développement, disons seulement qu'après avoir servi à discuter et fixer la chance des joueurs, cette théorie s'élevait graduellement vers des buts plus nobles, par ses applications aux sciences morales, financières, et même politiques. Elle devait naturellement séduire l'esprit philosophique de

Laplace, qui n'a cessé d'en poursuivre le perfectionnement depuis le début de sa vie scientifique, et a été ainsi conduit à résoudre un grand nombre de questions d'analyse d'un intérêt capital.

Ce que nous avons dit de la Société d'Arcueil suffit pour faire comprendre comment Laplace fut amené, assez tard d'ailleurs, à s'occuper à plusieurs reprises de certaines questions de Physique, qui avaient surtout pour lui l'attrait de présenter de nouvelles applications de la théorie des forces attractives ou répulsives. Mais, bien avant déjà, il avait fait quelques expériences sur la chaleur avec Lavoisier, d'une façon toute fortuite à ce qu'il semble ; il écrivait en effet à Lagrange sur ce sujet, le 21 août 1783 : [Je ne sais en vérité comment je me suis laissé entraîner à travailler sur la Physique, et vous trouverez peut-être que j'aurais beaucoup mieux fait de m'en abstenir ; mais je n'ai pu me refuser aux instances de mon confrère, M. de Lavoisier, qui met dans ce travail commun toute la complaisance et toute la sagacité que je puis désirer. D'ailleurs, comme il est fort riche, il n'épargne rien pour donner aux expériences la précision qui est indispensable dans des recherches aussi délicates.]

Si nous considérons enfin que certaines recherches fort importantes d'analyse pure entreprises par Laplace dès le début de sa carrière lui avaient été vraisemblablement suggérées par le souci de compléter diverses théories d'Euler, de d'Alembert, de Condorcet, et de Lagrange ; et si nous ajoutons que son génie propre l'éloignait de la spéculation abstraite et l'inclinait plutôt vers les problèmes réels comme ceux de la philosophie naturelle, nous aurons achevé de fixer les circonstances qui devaient déterminer l'œuvre de Laplace.

Pour confirmer cette induction, citons ce passage d'une lettre de Laplace à d'Alembert du 15 novembre 1777 :

[J'ai toujours cultivé les mathématiques par goût plutôt que par le désir d'une vaine réputation, dont je ne fais aucun cas. Mon plus grand amusement est d'étudier la marche des inventeurs, de voir leur génie aux prises avec les obstacles qu'ils ont rencontrés et qu'ils ont su franchir ; je me mets alors à leur place, et je me demande comment je m'y serais pris pour surmonter ces mêmes obstacles, et quoique cette substitution n'ait le plus souvent rien que d'humiliant pour mon amour-propre, cependant le plaisir de jouir de leur succès me dédommage amplement de cette petite humiliation. Si je suis assez heureux pour ajouter quelque chose à leurs travaux, j'en attribue tout le mérite à leurs premiers efforts, bien persuadé que, dans ma position, ils auraient été plus loin que moi. Vous voyez par là que personne ne lit vos ouvrages avec plus d'attention et ne cherche mieux à en faire son profit que moi.]

En négligeant l'excès de modestie qui n'est qu'une forme de la courtoisie de l'époque, exigée d'ailleurs par les circonstances qui avaient dicté cette lettre, nous apercevons là bien nettement l'une des méthodes de travail les plus familières aux savants du XVIIIe siècle, plus encore qu'à ceux de tous les temps ; nous la trouvons exprimée tout aussi clairement dans ces lignes de Lagrange :

> Vous jugez bien que je n'ai pu lire ces recherches sans faire plusieurs remarques tendant à les généraliser et à les simplifier.

Il ne faut pas s'étonner après cela s'il est quelquefois difficile de déterminer exactement le véritable auteur de telle proposition célèbre, ou simplement d'une nouvelle façon d'envisager les choses, dont l'importance se manifeste bien vite capitale. Lorsque chacun s'empresse d'ajouter quelque chose au dernier mémoire qu'il vient de parcourir ou dont il vient simplement d'entendre la lecture dans une séance d'Académie, c'est tout profit pour la science ; mais les premiers auteurs se trouvent quelquefois lésés, et se croient fondés à prétendre que leurs travaux entraînaient implicitement les additions et améliorations que d'autres leur ont apportées, ou encore qu'on a négligé de faire connaître la part légitime qui leur revient dans ces perfectionnements. De là naissent des froissements, plus ou moins graves suivant les caractères, souvent mal dissimulés par une politesse excessive, et que le temps ne réussit pas toujours à effacer. La postérité elle-même, obéissant à des influences diverses et se laissant guider par des sentiments quelquefois irraisonnés, n'est pas toujours à même de juger impartialement ces querelles, quand elles peuvent être jugées. On a beaucoup disserté sur le point de savoir si le véritable inventeur du Calcul différentiel est Newton ou Leibniz ; mais n'est-il pas plutôt Fermat, comme l'ont soutenu Laplace et Lagrange, et avant eux d'Alembert ? Les notations et algorithmes introduits par les deux premiers ont certes une grande importance, et ont permis des développements d'abord insoupçonnés ; mais ce sont les principes mêmes du calcul infinitésimal qui sont à la base des deux mémoires du magistrat géomètre de Toulouse sur la théorie *de maximis et minimis* et celle des *tangentes*.

On a souvent reproché à Laplace une certaine vanité qui l'empêchait de rendre suffisamment justice aux travaux de ses prédécesseurs, et surtout de ses contemporains ; et il semble bien que cette accusation ne soit pas absolument injustifiée. Cependant, nous ne croyons pas qu'il faille en exagérer l'importance, tout en reconnaissant qu'il ne suffirait pas, pour absoudre Laplace, de dire comme Gouraud à propos de Jacques Bernoulli :

Il eut ce secret du génie de faire servir toutes les recherches antérieures à l'originalité des siennes.

Voici quelques documents qui permettront au lecteur de se former une opinion sur ce sujet, en même temps qu'ils confirmeront les vues générales que nous venons d'exposer.

On lit dans une lettre de Lagrange à Condorcet, du 18 juillet 1774 :

Je suis un peu surpris de ce que vous me dites de M. de la Place : c'est assez, ce me semble, le défaut des jeunes gens de s'enfler de leurs premiers succès ; mais la présomption diminue ensuite à mesure que la science augmente.

Nous ne savons pas comment s'était manifestée cette présomption si prématurée ; on peut hasarder l'hypothèse que Laplace accablait l'Académie des nombreux mémoires qu'il avait déjà rédigés, et qu'il insistait vivement pour leur impression immédiate.

D'après ses premières lettres à Laplace, on peut croire que Lagrange n'est pas insensible à la façon dont il est devancé sur plusieurs points par le nouveau géomètre qui vient de s'imposer à l'attention du monde savant. Citons quelques passages :

Je ne sais si vous avez lu ce que j'ai donné autrefois sur cette matière ; je n'avais fait alors que l'effleurer, et je me proposais toujours de l'approfondir davantage ; mais vous venez de l'épuiser, et je suis charmé que vous ayez si bien rempli les engagements que j'avais contractés à cette occasion avec les géomètres... A l'égard de ma théorie de Jupiter et de Saturne, je me féliciterai d'avoir été prévenu par vous, si vos recherches ne me laissent plus rien à faire à ce sujet.

Il ne sera peut-être pas sans intérêt de rappeler encore dès maintenant l'histoire de la détermination des inégalités séculaires du mouvement des planètes sous forme périodique : la priorité appartient d'une façon incontestable à Lagrange, qui avait envoyé un mémoire sur ce sujet à l'Académie des Sciences de Paris, mais en se limitant à la considération du mouvement des nœuds et des inclinaisons. Ce mémoire fut communiqué à Laplace, qui étendit immédiatement la méthode aux inégalités du mouvement des aphélies et des excentricités, et s'empressa de publier ses résultats en addition à un mémoire sur un tout autre sujet, bien avant que pût paraître le travail de Lagrange. Parlant des équations dont dépendent les inégalités séculaires, Laplace s'exprime ainsi : [Je m'étais proposé depuis longtemps de les intégrer ; mais le peu d'utilité de ce calcul pour les besoins de l'Astronomie, joint aux difficultés qu'il présentait, m'avait fait abandonner cette idée, et j'avoue que je ne l'aurais pas reprise, sans la lecture d'un excellent mémoire que M. de Lagrange vient d'envoyer à l'Académie et qui paraîtra dans un des volumes suivants] ; et il ajoute en note : [J'aurais dû naturellement attendre que les recherches de M. de Lagrange fussent publiées avant que de donner les miennes ; mais venant de faire paraître un mémoire sur cette matière, j'ai cru pouvoir communiquer ici aux géomètres, en forme de supplément, ce qui lui manquait encore pour être complet, en rendant d'ailleurs au mémoire de M. de Lagrange toute la justice qu'il mérite ; je m'y suis d'autant plus volontiers déterminé, que j'espère qu'ils me sauront gré de leur présenter d'avance l'esquisse de cet excellent ouvrage.]

Lagrange répond simplement à l'envoi du mémoire, le 10 avril 1775 :

Mais comme je vois que vous avez entrepris autrefois vous-même cette recherche, j'y renonce volontiers, et je vous sais même très bon gré de me dispenser de ce travail, persuadé que les sciences ne pourront qu'y gagner beaucoup.

Cependant, il écrit à d'Alembert peu de temps après, le 29 mai 1775 :

Je suis maintenant après à donner une théorie complète des variations des éléments des planètes en vertu de leur action mutuelle. Ce que M. de la Place a fait sur cette matière m'a beaucoup plu, et je me flatte qu'il ne me saura pas mauvais gré de ne pas tenir l'espèce de promesse que j'avais faite de la lui abandonner entièrement ; je n'ai pas pu résister à l'envie de m'en occuper de nouveau, mais je ne suis pas moins charmé qu'il y travaille aussi de son côté.

L'estime de Lagrange pour Laplace est donc parfaitement sincère, et l'on devait s'y attendre de la part de cet homme doué de toutes les vertus les plus éminentes ; n'écrit-il pas encore à d'Alembert, le 10 juillet 1778 :

Les nouveaux pas que M. de la Place a faits dans la théorie du flux et du reflux sont dignes de lui et du rang qu'il tient du premier de vos disciples en France. S'il continue ainsi, votre patrie n'aura pas à craindre le sort de l'Angleterre après la mort de Newton.

D'ailleurs, la correspondance entre Lagrange et Laplace prend bien vite un caractère de cordialité absolue, et les formules de politesse perdent de jour en jour jusqu'à l'apparence d'ambiguïté légèrement inquiétante qu'on peut leur prêter dès le début.

Cette noble émulation entre les deux illustres géomètres s'est continuée jusqu'à la fin. Laplace nous parle à plusieurs reprises de cette mémorable séance du 17 août 1808, dans laquelle il présenta au Bureau des Longitudes l'expression complète des différentielles des éléments du mouvement elliptique des planètes en fonction linéaire des différences partielles de la fonction perturbatrice, en même temps que Lagrange communiquait les expressions inverses de ces différences en fonction des différentielles des éléments ; et il ajoute : [Ce travail des dernières années de sa vie est une de ses plus belles productions ; il montre que l'âge n'avait point affaibli son génie.]

D'Alembert s'est plaint quelquefois, et même assez vivement, dit-on, que Laplace marchât sur ses brisées. Mais ce dernier pouvait s'y croire suffisamment autorisé par ces mots qui terminent un des mémoires de d'Alembert :

> Je ne doute point que cette nouvelle recherche ne donnât lieu à plusieurs remarques curieuses ; mais je les abandonne à d'autres géomètres, la matière n'ayant plus aucune difficulté.

Et il pouvait à bon droit lui écrire (10 mars 1782) : [Mais vous ne devez pas trouver mauvais qu'on vous prouve que votre calcul a beaucoup plus d'étendue que vous ne lui en aviez soupçonné d'abord.]

Arago dit quelque part que : « d'Alembert, dominé à son insu par un sentiment indéfinissable de jalousie, ne rendait pas à Clairaut toute la justice désirable. »

On peut penser qu'il en usait de même à l'égard de Laplace. Au début de son premier mémoire sur le flux et le reflux de la mer, remis à l'Académie le 15 novembre 1777, Laplace avait écrit : [C'est donc à proprement parler à M. d'Alembert qu'il faut rapporter les premières recherches exactes qui aient paru sur cet important objet. Cet illustre auteur, s'étant proposé dans son excellent ouvrage qui a pour titre *Réflexions sur la cause des vents...* parvient par une analyse aussi savante qu'ingénieuse aux véritables équations de ce problème ; mais la difficulté de les intégrer le force de recourir à des suppositions qui en rendent la solution incertaine.] D'Alembert se montra probablement mal satisfait de cette appréciation, et demanda quelque chose de plus, puisque le soir du même jour, Laplace lui écrit : [Au lieu d'aller demain vous importuner, comme je me l'étais proposé, j'ai cru plus à propos de vous envoyer l'addition dont nous sommes convenus... J'ai ajouté ce qui suit : Au reste, je dois à M. d'Alembert la justice d'observer que si j'ai été assez heureux pour ajouter quelque chose à cet égard à ses excellentes *Réflexions sur la cause des vents*, j'en suis principalement redevable à ces *Réflexions* elles-mêmes... Si l'on considère combien les premiers pas sont difficiles en tout genre, et surtout dans une matière aussi compliquée ; si l'on fait attention aux progrès immenses de l'analyse depuis l'impression de son ouvrage, on ne sera pas surpris qu'il nous ait laissé quelque chose à faire encore, et que, aidés par des théories que nous tenons de lui presque toutes entières, nous soyons en état d'avancer plus loin dans une carrière qu'il a le premier ouverte... J'espère, mon cher confrère, que vous serez content de cette addition ; je suis très enchanté d'avoir cette occasion de vous témoigner publiquement mon estime et ma reconnaissance...]

Et peu de temps après, Laplace écrivant à Lagrange au sujet de son mémoire, lui dit : [Je pense que M. d'Alembert ne doit pas avoir lieu d'être mécontent de la manière dont j'ai parlé de son travail] ; tandis que de son côté d'Alembert s'adresse au même correspondant dans ces termes :

Ayant depuis ce temps fait de nouveaux pas dans la théorie des fluides..., j'ai toujours eu envie de reprendre ce travail sur les marées et sur les vents. M. de la Place m'en a dispensé : je crois cependant qu'il lui a échappé quelques remarques assez importantes.

Si Laplace a pu s'inspirer légitimement des bonnes parties de l'œuvre si mêlée de d'Alembert, il semble bien aussi qu'il soit demeuré toujours fidèle au sentiment de reconnaissance qu'il lui devait en raison de ses premières « bontés » ; en effet, même longtemps après la mort de d'Alembert, il n'a jamais attiré l'attention sur les méprises assez nombreuses et quelquefois étranges que l'on rencontre chez ce géomètre, et s'il est obligé d'en parler, ce n'est qu'en des termes très adoucis. On sait que, suivant l'expression de J. Bertrand :

L'esprit de d'Alembert, naturellement juste et fin, déraisonnait complètement sur le calcul des probabilités.

C'est ainsi qu'il soutenait qu'au jeu de croix ou pile, la probabilité d'amener croix au moins une fois en deux coups était deux tiers et non trois quarts.

D'ailleurs, on peut croire d'une façon générale que Laplace n'aimait pas la controverse ; dans une lettre à Lagrange du 19 novembre 1778, nous le voyons s'exprimer ainsi à propos de ses recherches sur l'équilibre ferme des planètes : [Mes résultats sont bien contraires à ce que M. l'abbé Boscowich a avancé à ce sujet ; mais quoique j'aie eu lieu de me plaindre de ce savant dans une dispute que j'ai eue autrefois avec lui sur les orbites des comètes, ... je me suis cependant abstenu de le nommer, pour éloigner tout ce qui pourrait avoir l'air d'anciennes querelles, dont je suis autant l'ennemi par principe que par caractère.] Lagrange approuva cette abstention en ajoutant ces mots :

Je regarde les disputes comme très inutiles à l'avancement des sciences et comme ne servant qu'à faire perdre le temps et le repos.

On ne voit pas non plus que Laplace ait prêté, plus tard, la moindre attention aux injures extravagantes que lui prodiguait Saint-Simon.

Legendre aussi s'est plaint à deux reprises au moins que Laplace ait profité de ses recherches sans les mentionner. Dans un travail lu devant l'Académie le 7 juillet 1784, et publié dans le volume des Mémoires paru seulement en 1787,

Legendre avait introduit les polynômes auxquels son nom est resté attaché, et fait voir que si une masse fluide homogène tourne uniformément autour d'un axe en affectant une figure que l'on suppose simplement être de révolution, cette figure doit nécessairement être elliptique dans le cas de l'équilibre. Laplace montra ensuite, dans le volume des mémoires pour 1782, imprimé en 1785, que ce théorème reste vrai lorsqu'on suppose à la masse une figure quelconque, mais très voisine de celle de la sphère. C'est pour rappeler ces circonstances que Legendre s'exprime ainsi au commencement de son travail :

> La proposition qui fait l'objet de ce mémoire étant démontrée d'une manière beaucoup plus savante et plus générale dans un mémoire que M. de la Place a déjà publié dans le volume de 1782, je dois faire observer que la date de mon mémoire est antérieure, et que la proposition qui paraît ici, telle qu'elle a été lue en juin et juillet 1784, a donné lieu à M. de la Place d'approfondir cette matière, et d'en présenter aux géomètres une théorie complète.

Un peu plus tard, au début d'un travail inséré dans les mémoires de l'Académie pour 1789 au sujet du même problème, mais en supposant la masse fluide formée de couches de densités variables, Legendre dit encore :

> On trouve dans un mémoire de M. de la Place imprimé à la tête de ce volume, des recherches analogues aux miennes. Sur quoi j'observe que mon mémoire a été remis le 28 août 1790, et que la date de celui de M. de la Place est postérieure.

Dans le cinquième volume de la *Mécanique céleste*, en faisant l'historique des travaux des géomètres sur les divers problèmes relatifs au système du monde, Laplace a rendu justice, un peu trop sommairement au gré de quelques-uns, aux travaux de Legendre, comme à ceux de plusieurs autres de ses contemporains, qu'il n'avait pas cités dans ses mémoires antérieurs ou dans le corps de l'ouvrage. On pourra prétendre que la situation dans laquelle il se trouvait alors diminue singulièrement le mérite de cette réparation tardive ; bornons-nous à faire un rapprochement : en juin 1832, le même Legendre âgé de quatre-vingts ans, écrivait à Jacobi, à propos de la théorie des perturbations :

C'est un objet d'un grand intérêt auquel j'ai pensé plusieurs fois, et sur lequel j'ai donné par ci par là quelques idées ; je me suis toujours persuadé que, si je m'en étais occupé sérieusement et d'une manière suivie, j'aurais trouvé quelque chose de plus que mes honorables confrères Lagrange et Laplace. Si on excepte en effet les beaux résultats qu'ils ont trouvés pour les différentielles des éléments elliptiques exprimées par la fonction des perturbations, je ne vois pas qu'ils aient avancé la science au-delà de ce qu'elle était du temps d'Euler, Clairaut et d'Alembert.

Mais c'est peut-être nous étendre trop longuement sur ce sujet, malgré le plaisir que l'on ressent à observer de plus près les hommes illustres avec leurs qualités et aussi leurs défauts. Arrêtons-nous cependant encore un instant sur une anecdote contée d'une façon charmante à l'Académie française par Biot en 1850, et qui vaut mieux que les historiettes d'Arago et les bons mots de Poinsot, dont la finesse recherchée ne rachète pas l'évidente injustice.

A sa sortie de l'École Polytechnique, Biot était devenu professeur à l'École centrale de Beauvais ; de là, il ose écrire à Laplace pour lui demander la faveur de recevoir les feuilles de la *Mécanique céleste*, au fur et à mesure de leur impression ; et Laplace lui répond par une fin de non recevoir motivée avec autant de politesse et de cérémonie que s'il s'adressait à un « savant véritable ». Mais Biot revient à la charge, en offrant de corriger les fautes typographiques qui auraient pu échapper, et sait si bien faire valoir ses arguments que Laplace lui répond cette fois par une lettre très aimable renfermant les plus précieux encouragements, et accepte sa proposition. Depuis ce jour, Biot est admis dans l'intimité de l'illustre savant ; il vient lui soumettre les difficultés qu'il rencontre dans la lecture des épreuves de la *Mécanique céleste*, et lui demander les éclaircissements nécessaires. Mais Laplace lui-même ne pouvait pas toujours les donner sans y apporter une attention assez longue ; cela arrivait surtout pour les passages si fréquents où l'on rencontre la formule *il est aisé de voir*, qui remplace le développement de calculs assez longs. Notons que le savant commentateur Bowditch avait fait la même remarque de son côté : pour suppléer les calculs renfermés sous l'insidieuse formule, il lui fallait plusieurs heures, et quelquefois davantage.

Un jour, Biot présente à Laplace un travail original sur les équations aux différences mêlées ; celui-ci l'écoute, le félicite, lui donne quelques conseils et l'encourage à lire son travail à l'Institut ; puis, au retour de la séance de la Classe où la lecture avait eu lieu avec un vif succès, Laplace tire d'une armoire un cahier de papier jauni, et montre à son jeune protégé qu'il avait déjà obtenu les mêmes résultats depuis longtemps, sans vouloir les publier, parce qu'il n'avait pas pu, lui non plus, leur donner toute l'extension que faisaient espérer les prémisses ; enfin, voulant lui laisser tout le bénéfice de ses recherches, il lui fait promettre de tenir l'incident absolument secret.

Cinquante ans après, Biot s'est cru délié de sa promesse, et il ajoute :

> Aurait-il été aussi généreux pour un rival ? aurait-il même été alors toujours juste ? Il fut tout cela pour moi et pour bien d'autres qui commençaient aussi leur carrière.

Parmi ces autres, nous avons déjà signalé Poisson, dont Laplace suivait avec des sentiments quasi-paternels les progrès dans les voies qu'il avait lui-même ouvertes, et à qui il communiquait bien volontiers des démonstrations, comme celle du théorème relatif à l'intensité de la force électrique à la surface d'un corps conducteur.

Quand on examine même superficiellement l'œuvre de Laplace, on constate bien vite qu'il revient presque toujours plusieurs fois sur les mêmes sujets, pour compléter et perfectionner sans cesse ses travaux antérieurs : c'est que, si la solution d'une question lui échappe tout d'abord, il la poursuit sans relâche jusqu'à ce qu'il s'en soit rendu maître. Mais, comme nous le verrons par la suite, bien souvent cette solution ne se présente à lui qu'enveloppée de considérations métaphysiques dont il éprouve beaucoup de peine à se dégager par étapes successives ; de là l'intérêt qui s'attache à l'étude des travaux de Laplace, en suivant surtout leur développement dans le temps, plutôt qu'en les prenant sous leur forme définitive dans ses grands ouvrages, où il a réuni d'ailleurs presque tous ses mémoires.

Il ne faut donc pas être surpris si les déductions mathématiques de Laplace manquent souvent de simplicité, et présentent de nombreuses obscurités ; lui-même s'en rendait certainement compte, puisque nous lisons dans une de ses lettres à Lagrange (19 novembre 1778) : [Je vous remercie surtout bien sincèrement du conseil que vous m'avez donné sur la précision et la clarté que tout lecteur est en droit d'attendre de ces sortes de matières ; je me propose aussi d'y donner une attention particulière dans les recherches que je publierai par la suite ; vos mémoires, et principalement ceux que vous avez donnés en dernier lieu, sont des modèles parfaits en ce genre, et ils ne me paraissent pas moins recommandables par l'élégance que par les découvertes sublimes qu'ils renferment.] Laplace ne pouvait certes choisir un meilleur modèle, puisque Lagrange est peut-être le géomètre qui s'est le plus distingué par l'élégance et la clarté ; malheureusement, l'effet de ses bonnes résolutions apparaît fort limité, et on ne peut guère le reconnaître que dans le mémoire sur la détermination des orbites des comètes et dans l'ouvrage sur la théorie du mouvement et de la figure elliptique des planètes dont nous avons déjà parlé.

Les conceptions analytiques de Laplace sont ordinairement d'une extrême généralité, beaucoup plus que ne le demandent les applications qui les ont provoquées. Ses démonstrations sont souvent précaires, comme la plupart de celles des géomètres de son temps, et ne sauraient satisfaire les mathématiciens modernes ; mais il faut ajouter bien vite que son intuition merveilleuse ne le trompe pour ainsi dire jamais, et lui fait éviter tous les périls auxquels pourraient l'exposer des méthodes particulièrement hasardeuses. Il ne balance point à accepter les résultats des extensions les plus hardies, « en vertu de la généralité de l'analyse » ; usant de toutes les ressources d'une ingéniosité extraordinaire, il fonde ses démonstrations sur des passages fort délicats du positif au négatif, ou du réel à l'imaginaire, qui, dit-il cependant, [ne doivent être employés qu'avec une grande circonspection] ; et plus tard il ajoutera que [ces passages peuvent être considérés comme moyens de découverte ; ... mais ces moyens, comme celui de l'induction, quoique employés avec beaucoup de précaution et de réserve, laissent toujours à désirer des démonstrations directes de leurs résultats.] Il paraît d'ailleurs certain qu'à défaut de telles démonstrations, il avait toujours soin de vérifier de quelque manière l'exactitude des formules ainsi obtenues.

Il serait superflu d'ajouter que la convergence d'une série ne l'intéressait qu'au point de vue de son usage pratique ; mais nous aurons l'occasion de revenir plus longuement sur tous ces points.

Comme nous l'avons déjà dit, l'analyse mathématique proprement dite est pour Laplace un moyen et non une fin, en exceptant toutefois quelques-unes de ses premières recherches ; ce qui l'attire définitivement, c'est l'application de l'analyse aux problèmes qui se présentent dans l'étude du système du monde, entendue dans son sens le plus large, et dans la théorie des probabilités, en raison de ses usages possibles dans la vie réelle. C'est ainsi que, dans son enseignement aux Écoles normales, nous le voyons ne pas s'affliger outre mesure de l'insuccès des recherches relatives à la résolution algébrique des équations au-delà du quatrième degré : [Au reste, ce qui doit consoler du peu de succès des recherches de ce genre, c'est que la résolution complète des équations, quoique très belle par elle-même, serait peu utile dans les applications de l'analyse, pour lesquelles il est toujours plus commode d'employer les approximations.]

Il manifeste aussi à plusieurs reprises quelque dédain pour l'arithmétique supérieure, en faisant toutefois quelques réserves : [Il est fort remarquable que les grandes découvertes dont l'analyse s'est enrichie dans ce siècle aient peu influé sur la théorie des nombres. Au reste, ces recherches ne sont jusqu'ici que de pure curiosité, et je ne conseille de s'y livrer qu'à ceux qui en ont le loisir. Cependant, il est bon de les suivre ; elles fournissent d'excellents modèles dans l'art de raisonner ; d'ailleurs on en fera un jour peut-être des applications importantes. Tout se tient dans la chaîne des vérités..... Rien ne semblait plus futile que les spéculations des anciens géomètres sur les sections coniques ; après deux mille ans, elles ont fait découvrir à Képler les lois générales du système planétaire.] Et quelques années plus tard, Laplace constatera lui-même que [M. Gauss a réalisé cette prédiction.] Mais pour tout dire, et nous mettre à même d'apprécier en connaissance de cause le jugement peu équitable de Laplace sur la théorie des nombres, il convient de rapprocher de ce qui précède deux passages de sa correspondance avec Lagrange. Ce dernier écrit, le 30 décembre 1776 :

Votre démonstration du théorème de Fermat sur les nombres premiers de la forme $8n + 3$ est ingénieuse... C'est une grande satisfaction pour moi de voir que vous avez pris goût à ces sortes de recherches.

Et le 3 février 1778, Laplace dit, à propos d'un autre théorème de Fermat : [J'en ai autrefois cherché la démonstration, et j'avais réduit, comme vous, la difficulté à démontrer ce théorème pour les nombres premiers de la forme $24n - 1$; mais j'y fus arrêté, et j'ai bien sujet de m'en consoler, puisque vous avez éprouvé le même sort.]

Pour Laplace, le procédé d'investigation par excellence est l'analyse, [cette méthode de décomposer les objets et de les recomposer pour en saisir parfaitement les rapports : l'esprit humain lui est redevable de tout ce qu'il sait avec précision sur la nature des choses.] C'est la préférence de Newton pour la synthèse, et son exemple, [qui ont peut-être empêché ses compatriotes de contribuer autant qu'ils l'auraient pu aux accroissements que l'astronomie a reçus par l'application de l'analyse au principe de la pesanteur universelle], de la part surtout des géomètres français, et grâce aux prix décernés par l'Académie des Sciences de Paris.

Si la méthode synthétique remporte momentanément un avantage, comme dans le cas de la solution si élégante du problème des attractions des ellipsoïdes de révolution par Mac-Laurin, on doit s'empresser d'autant plus de le faire disparaître qu'il est naturel d'attendre de l'analyse non-seulement un moyen plus simple d'obtenir les mêmes résultats, mais encore une théorie plus complète.

Cependant, les considérations de la synthèse géométrique ne doivent pas être abandonnées : [Ces opérations intellectuelles de l'analyse, rendues sensibles par les images de la géométrie, sont plus faciles à saisir, plus intéressantes à suivre. Cette correspondance fait l'un des plus grands charmes attachés aux spéculations mathématiques, et, quand l'observation réalise ces images et transforme les résultats mathématiques en lois de la nature ; quand ces lois, en embrassant l'univers, dévoilent à nos yeux ses états passés et à venir ; alors, la vue de ce sublime spectacle nous fait éprouver le plus noble des plaisirs réservés à la nature humaine.]

Pour Laplace encore, les seules bases des connaissances humaines sont l'observation et le calcul ; il y revient bien des fois, et nous apprend à nous défier des effets de l'imagination, quand il s'agit d'interpréter les observations astronomiques délicates qui ne produisent que des impressions légères, ou plus généralement les phénomènes quelconques, avant d'en avoir reconnu les causes avec certitude : [Que d'écueils doit craindre celui qui prend son imagination pour guide ! Prévenu pour la cause qu'elle lui présente, loin de la rejeter lorsque les faits lui sont contraires, il les altère pour les plier à ses hypothèses ; il mutile, si je puis ainsi dire, l'ouvrage de la nature pour le faire ressembler à celui de son imagination, sans réfléchir que le temps dissipe ces vains fantômes, et ne consolide que les résultats de l'observation et du calcul. Le philosophe vraiment utile au progrès des sciences est celui qui, réunissant à une imagination profonde une grande sévérité dans le raisonnement et dans les expériences, est à la fois tourmenté par le désir de s'élever aux causes des phénomènes, et par la crainte de se tromper sur celles qu'il leur assigne.] Ne serait-ce pas là le portrait de Laplace par lui-même ? Aussi bien, le voyons-nous dire en parlant de sa célèbre hypothèse cosmogonique de la nébuleuse primitive, qu'il la présente [avec la défiance que doit inspirer tout ce qui n'est point un résultat de l'observation du calcul] ; et la place qu'il lui accorde dans son œuvre est en vérité très petite. On peut croire aussi que, s'il avait vécu quelques années de plus, il se serait montré fidèle à ses principes en abandonnant la théorie de l'émission de la lumière qu'il a toujours soutenue, sans doute parce qu'il y trouvait encore une application séduisante de la théorie des attractions moléculaires.

Parmi les divers moyens d'approcher de la certitude, Laplace recommande particulièrement l'induction et l'analogie. [L'induction, l'analogie des hypothèses fondées sur les faits et rectifiées sans cesse par de nouvelles observations, un tact heureux donné par la nature et fortifié par des comparaisons nombreuses de ses indications avec l'expérience, tels sont les principaux moyens de parvenir à la vérité... Si l'homme s'était borné à recueillir des faits, les sciences ne seraient qu'une nomenclature stérile, et jamais il n'eût connu les grandes lois de la nature. C'est en comparant les faits entre eux, en saisissant leurs rapports et en remontant ainsi à des phénomènes de plus en plus étendus, qu'il est enfin parvenu à découvrir ces lois, toujours empreintes dans leurs effets les plus variés.] Il pose ainsi les règles qui conviennent à son génie propre, car on peut dire avec Arago que personne n'a été plus ingénieux que lui à saisir des rapports, des connexions intimes entre des phénomènes en apparence très disparates ; personne ne s'est montré plus habile à tirer des conséquences importantes de ces rapprochements inattendus.

Dans ses leçons aux Écoles normales, nous voyons Laplace donner à ses auditeurs les plus sages conseils sur la façon d'enseigner. Au sujet des premiers principes de Géométrie, il s'exprime de la façon suivante :[Il ne faut donc pas dans l'enseignement insister sur ce qui peut manquer encore à la rigueur des preuves que l'on en donne, et l'on doit abandonner cette discussion aux métaphysiciens géomètres, du moins jusqu'à ce qu'elle ait été suffisamment éclaircie pour ne laisser aucun nuage dans l'esprit des commençants. Les sciences même les plus exactes renferment quelques principes généraux que l'on saisit par une sorte d'instinct qui ne permet pas d'en douter, et auquel il est bon de se livrer d'abord. Après les avoir suivis dans toutes leurs conséquences, et s'être fortifié l'esprit par un long exercice dans l'art de raisonner, on peut, sans danger, revenir sur ces principes, qui se présentent alors dans un plus grand jour ; et l'on risque moins de s'égarer, en cherchant à les démontrer avec rigueur. Si l'on insiste trop en commençant, sur l'exactitude de leurs démonstrations, il est à craindre que de vaines subtilités ne produisent de fausses idées, qu'il est très difficile ensuite de rectifier... Cependant, s'il est utile d'écarter les subtilités d'une fausse métaphysique, il importe également d'accoutumer l'esprit à n'accorder une entière confiance qu'aux choses parfaitement prouvées.] Plus loin, il montre une exacte connaissance de la nature humaine, en disant à propos du nouveau système des poids et mesures décrété par la Convention : [Incomparablement plus simple que l'ancien, il présentera beaucoup moins de difficultés à l'enfance. Vous en éprouverez à le faire entendre aux instituteurs qu'une longue habitude a familiarisés avec les anciennes mesures ; il leur paraît fort compliqué ; car l'homme est naturellement porté à rejeter sur la complication des choses la peine que ses préjugés et ses habitudes lui donnent à les concevoir.]

Cependant, Laplace ne se montre pas comme un novateur sans réserves ; et quoi qu'il ait adopté la division décimale non-seulement de l'angle droit, mais encore du jour, dans la *Mécanique céleste*, dont il ne faut pas oublier que les premiers volumes sont de l'an VII, il dit encore dans ses leçons : [Cette division du jour qui va devenir nécessaire aux astronomes est moins utile dans la vie civile, où l'on a peu d'occasions d'employer le temps comme multiplicateur ou comme diviseur. La difficulté de l'adapter aux horloges et aux montres et nos rapports commerciaux en horlogerie avec les étrangers ont fait suspendre indéfiniment son usage.]

De même, il n'a pas hésité à plaider pour le retour au calendrier grégorien, mettant en évidence les défauts si sensibles du calendrier républicain, même au point de vue astronomique ; et après avoir indiqué les quelques modifications qui suffiraient à rendre presque parfait le calendrier usuel, il ajoute avec infiniment de raison : [Mais convient-il de lui donner ce degré de perfection ? Il me semble qu'il n'en résulterait pas assez d'avantages pour compenser les embarras qu'un pareil changement introduirait dans nos habitudes, dans nos rapports avec les autres peuples, et dans la chronologie, déjà trop compliquée par la multitude des ères. Si l'on considère que ce calendrier est aujourd'hui celui de presque tous les peuples d'Europe et d'Amérique..., on sentira qu'il doit être conservé même avec ses imperfections, qui ne portent pas d'ailleurs sur des points essentiels.]

Plus tard, il écrira encore d'une façon plus générale : [N'opposons point une résistance inutile et dangereuse aux effets inévitables du progrès des lumières ; mais ne changeons qu'avec une circonspection extrême nos institutions et les usages auxquels nous sommes depuis longtemps pliés. Nous connaissons bien, par l'expérience du passé, les inconvénients qu'ils présentent ; mais nous ignorons quelle est l'étendue des maux que leur changement peut produire. Dans cette ignorance, la théorie des probabilités prescrit d'éviter tout changement ; surtout il faut éviter les changements brusques, qui, dans l'ordre moral comme dans l'ordre physique, ne s'opèrent jamais sans une grande perte de force vive.]

Dans l'introduction à la *Théorie analytique des probabilités*, Laplace a pu consacrer d'assez longs développements aux conceptions philosophiques qui lui ont constamment servi de guide, et que l'on retrouve indiquées brièvement, sans variations sensibles, tout le long de ses mémoires. Nous venons d'en analyser quelques-unes, se rapportant particulièrement aux questions de méthode, et comme nous continuerons à le faire, nous avons laissé le plus souvent Laplace nous expliquer lui-même les traits caractéristiques de sa pensée, convaincu d'être ainsi plus agréable au lecteur curieux de le connaître d'une façon plus intime, et désireux de l'apprécier plus sûrement d'après son style propre, image fidèle de l'homme lui-même, suivant la célèbre maxime de Buffon.

Pour achever cette étude très sommaire, nous devons encore signaler quelques points intéressants, et plus spécialement philosophiques. La conception de l'univers par Laplace est entièrement déterministe, et c'est de là qu'il part pour définir la probabilité : [Les événements actuels ont avec les précédents une liaison fondée sur le principe évident qu'une chose ne peut pas commencer d'être sans une cause qui la produise.... La volonté la plus libre ne peut sans un motif déterminant donner naissance aux actions même que l'on juge indifférentes... Nous devons donc envisager l'état présent de l'univers comme l'effet de son état antérieur et comme la cause de celui qui va suivre. Une intelligence qui, pour un instant donné, connaîtrait toutes les forces dont la nature est animée et la situation respective des êtres qui la composent, si d'ailleurs elle était assez vaste pour soumettre ces données à l'analyse, embrasserait dans la même formule les mouvements des plus grands corps de l'univers et ceux du plus léger atome : rien ne serait incertain pour elle, et l'avenir, comme le passé, serait présent à ses yeux. L'esprit humain offre, dans la perfection qu'il a su donner à l'Astronomie, une faible esquisse de cette intelligence... Tous ses efforts dans la recherche de la vérité tendent à le rapprocher sans cesse de l'intelligence que nous venons de concevoir, mais dont il restera toujours infiniment éloigné. Cette tendance propre à l'espèce humaine est ce qui la rend supérieure aux animaux, et ses progrès en ce genre distinguent les nations et les siècles, et font leur véritable gloire... La courbe décrite par une simple molécule d'air ou de vapeurs est réglée d'une manière aussi certaine que les orbites planétaires : il n'y a de différence entre elles que celle qu'y met notre ignorance. La probabilité est relative en partie à cette ignorance, en partie à nos connaissances.]

Plus loin, nous lisons encore ce passage, où se manifestent les sentiments de prudence déjà signalés à propos de l'hypothèse de la nébuleuse : [On peut représenter les états successifs de l'univers par une courbe dont le *temps* serait l'abscisse, et dont les ordonnées exprimeraient ces divers états. Connaissant à peine un élément de cette courbe, nous sommes loin de pouvoir remonter à son origine, et si, pour reposer l'imagination toujours inquiète d'ignorer la cause des phénomènes qui l'intéressent, on hasarde quelques conjectures, il est sage de ne les présenter qu'avec une extrême réserve.]

A propos des illusions que l'on constate souvent dans l'estimation des probabilités, Laplace est amené à écrire un chapitre fort intéressant de psychologie, cette [autre physiologie qui commence aux limites de la physiologie visible, et dont les phénomènes, beaucoup plus variés que ceux de cette dernière, sont, comme eux, assujettis à des lois qu'il est très important de connaître.] En quelques pages particulièrement nourries, il passe en revue et analyse les principes de psychologie déjà reconnus et développés : la sympathie, l'association des idées, la mémoire, l'attention, les modifications du *Sensorium* par les impressions souvent répétées d'un même objet sur divers sens, la croyance et les contingences diverses dont elle dépend, l'exagération des probabilités par les passions, etc. ; et l'on reconnaît aisément là encore l'influence des encyclopédistes et de l'école écossaise, en particulier de Condillac, de Cabanis, d'Adam Smith et de Thomas Reid. Mais, comme nous l'avons déjà dit, Laplace s'arrête devant les objets qu'il considère comme inaccessibles à l'intelligence humaine, ou qui échappent à tous nos moyens d'observation et de calcul, et à leur égard, il professe que tout bon esprit doit dire avec Montaigne que l'ignorance et l'incuriosité sont un mol et doux chevet pour reposer une tête bien faite. Notre seule ambition doit être de découvrir les grands phénomènes généraux de la nature dont tous les faits particuliers dérivent, et nos efforts doivent tendre à les réduire au plus petit nombre possible ; [infiniment variée dans ses effets, la nature n'est simple que dans ses causes, et son économie consiste à produire un grand nombre de phénomènes, souvent très compliqués, au moyen d'un petit nombre de lois générales... mais les causes premières et la nature intime des êtres nous seront éternellement inconnues.]

Parmi les applications les plus délicates et les plus contestées de la théorie des hasards, il faut citer celles qui se rapportent à la probabilité des témoignages, aux choix et aux décisions des assemblées, à la probabilité des jugements des tribunaux. Ce n'est pas le lieu de les discuter ici : J. Bertrand les a soumises à une critique impitoyable certainement justifiée, et Royer-Collard, succédant à Laplace, a dit avec raison dans son discours de réception à l'Académie française :

La science géométrique de l'univers diffère de la science morale de l'homme : celle-ci a d'autres principes plus mystérieux et plus compliqués, devant lesquels la géométrie s'arrête.

Examinons seulement dans quelle mesure Laplace a pu mériter, par sa façon d'envisager ces applications, le reproche de s'être écarté des principes qu'il avait posés lui-même, à l'égard des objets inaccessibles à l'observation et au calcul.

Ces questions avaient été posées pour la première fois par Nicolas Bernoulli, mais développées surtout par Condorcet : depuis la fin du XVIIIe siècle, elles étaient à l'ordre du jour. Si l'on observe alors que Laplace ne leur a consacré aucun mémoire particulier, et qu'il ne les a introduites, pour la plupart, que dans la seconde édition de la *Théorie analytique,* en ne leur donnant qu'un développement assez restreint, on est amené à croire qu'il ne leur accordait pas une bien grande importance. Il se montre d'ailleurs très prudent à leur égard : [La plupart de nos jugements étant fondés sur la probabilité des témoignages, il est bien important de la soumettre au calcul. La chose, il est vrai, devient souvent impossible, par la difficulté d'apprécier la véracité des témoins, et par le grand nombre de circonstances dont les faits qu'ils attestent sont accompagnés. Mais on peut, dans plusieurs cas, résoudre des problèmes qui ont beaucoup d'analogie avec les questions qu'on se propose, et dont les solutions peuvent être regardées comme des approximations propres à nous guider et à nous garantir des erreurs et des dangers auxquels de mauvais raisonnements nous exposent. Une approximation de ce genre, lorsqu'elle est bien conduite, est toujours préférable aux raisonnements les plus spécieux.] Il ne voit donc là, en somme, qu'une nouvelle application de ce principe : [la théorie des probabilités n'est au fond que le bon sens réduit au calcul : elle fait apprécier avec exactitude ce que les esprits justes sentent par une sorte d'instinct, sans qu'ils puissent souvent s'en rendre compte.]

Mais, en réalité, quand il s'agit du monde moral, il faut encore autre chose ; et si l'on poursuit jusqu'au bout les conséquences de principes dont l'exactitude paraît scientifiquement incontestable, mais dont la sagesse est toujours trop courte, on arrive seulement à constater leur lamentable insuffisance. C'est ainsi que, dans l'Introduction à la *Théorie analytique*, après avoir insisté sur [la dégradation de la probabilité des faits, lorsqu'ils sont vus à travers un grand nombre de générations successives], Laplace est nécessairement conduit à un scepticisme presque absolu relativement aux faits historiques : [L'action du temps affaiblit donc sans cesse la probabilité des faits historiques, comme elle altère les monuments les plus durables... Les révolutions physiques et morales dont la surface de ce globe sera toujours agitée, finiront, en se joignant à l'effet inévitable du temps, par rendre douteux, après des milliers d'années, les faits historiques aujourd'hui les plus certains.] Il dépasse encore les limites qu'il s'est si sagement fixées tant de fois, lorsqu'il discute, du même point de vue, l'argument fameux de Pascal, assimilant l'avantage de croire à celui d'un jeu, où il y a tout à gagner, si l'on gagne, et rien à perdre, si l'on perd.

Sur la probabilité des jugements des tribunaux, Laplace ne fait guère que développer les données que le simple bon sens nous dicte ; il discute surtout la façon dont la loi doit interpréter les décisions des jurys pour donner une garantie suffisante à l'innocence.

Relativement aux choix des assemblées, il distingue deux cas. Dans le premier, il s'agit de choisir entre plusieurs candidats qui se présentent pour une ou plusieurs places du même genre ; après avoir décrit, comme nous le verrons plus loin, le mode d'élection indiqué par la théorie des probabilités, il ajoute : [Sans doute il serait le meilleur, si chaque électeur inscrivait sur son billet les noms des candidats dans l'ordre du mérite qu'il leur attribue. Mais les intérêts particuliers et beaucoup de considérations étrangères au mérite doivent troubler cet ordre, et faire placer quelquefois au dernier rang le candidat le plus redoutable à celui que l'on préfère, ce qui donne trop d'avantage aux candidats d'un médiocre mérite. Aussi l'expérience a-t-elle fait abandonner ce mode d'élection dans les établissements qui l'avaient adopté.] Parmi ces établissements, on doit citer l'Institut National et le Bureau des Longitudes, à leur création.

Dans le second cas, il faut choisir entre plusieurs propositions relatives au même objet ; les conditions ne sont plus les mêmes : car [le mérite d'un candidat n'exclut point celui de ses concurrents, au lieu que, si les propositions entre lesquelles il faut choisir sont contraires, la vérité de l'une exclut la vérité des autres.]

Cette rapide analyse nous permet de penser que Laplace aurait excellé en philosophie, si la géométrie ne l'avait pas attiré invinciblement : d'ailleurs, si nous en croyons Fourier, il s'était distingué de bonne heure, au collège de Beaumont, par son habileté dans les controverses théologiques les plus délicates. En étudiant son œuvre scientifique de plus près, comme nous allons le faire maintenant, il conviendra de ne pas perdre de vue cette tendance naturelle de son esprit.

CHAPITRE III

L'ŒUVRE DE LAPLACE EN MÉCANIQUE CÉLESTE

On pourrait consacrer plus d'un gros volume à l'étude approfondie de l'œuvre de Laplace, dont aucune partie n'est indifférente ; il faudrait, pour la pénétrer complètement. la rapprocher de celle de ses prédécesseurs et de ses contemporains, montrer aussi comment elle a inspiré ses successeurs et comment elle a subi l'épreuve du temps, en la comparant aux théories modernes ; de cette façon seulement, on se rendrait compte de son extraordinaire prééminence. Les bornes de cet opuscule nous contraignent à une simple énumération ; la richesse de l'œuvre est d'ailleurs telle que cette énumération même ne saurait être complète. Jusqu'à son dernier jour, Laplace a consacré tous ses instants à la science, sans que son activité se ralentisse, et sans que sa puissante intelligence montre aucun signe d'affaiblissement : ses derniers travaux ne le cèdent en rien à ceux de sa jeunesse.

Comme nous l'avons déjà indiqué, nous suivrons dans cette étude l'ordre chronologique, partageant cependant les divers mémoires publiés par Laplace en plusieurs classes, suivant leur objet ; et nous analyserons en dernier lieu seulement les grands ouvrages où ils se trouvent presque tous reproduits.

I

RECHERCHES SUR LE MOUVEMENT DES PLANÈTES, DES COMÈTES ET DES SATELLITES

Le premier mémoire de Laplace sur la mécanique céleste est intitulé : *Sur le principe de la gravitation universelle et sur les inégalités séculaires des planètes qui en dépendent* ; on le trouve dans les *Mémoires de l'Académie royale des Sciences de Paris* (que nous désignerons dans la suite par l'abréviation M. A. S. P.), au tome VII du recueil réservé aux *Savants étrangers*, publié en 1776, mais se rapportant à l'année 1773, (ce que nous marquerons généralement par la notation 1773-76).

Après avoir repris, sous la forme qu'il juge la plus convenable pour l'astronomie, les équations générales du mouvement d'un corps solide, déjà établies par d'Alembert, dans son traité *Sur la précession des équinoxes*, Laplace aborde l'examen du principe de la gravitation universelle, en discutant les quatre suppositions suivantes, dont est parti Newton, et qui ont été depuis généralement adoptées par les géomètres :

1° L'attraction est en raison directe de la masse et réciproquement comme le carré de la distance ;

2° la force attractive d'un corps est le résultat de l'attraction de chacune des parties qui le composent ;

3° cette force se propage dans un instant, du corps attirant à celui qu'il attire ;

4° elle agit de la même manière sur les corps en repos et en mouvement.

Il convient de noter quelques détails de cette discussion, bien propres à montrer quel était alors l'état des esprits. Relativement au premier point, Laplace s'exprime ainsi en particulier : [On a souvent demandé pourquoi la pesanteur diminue en raison du carré de la distance. La cause de cette force étant inconnue, il est impossible d'en donner la raison physique ; mais s'il était permis de se livrer à la métaphysique dans une matière qu'il n'est pas possible de soumettre à l'expérience, ne serait-il pas naturel de penser que les lois de la nature sont telles que le système de l'univers serait toujours semblable à lui-même, en supposant que toutes ses dimensions viennent à augmenter ou à décroître proportionnellement ? Sans chercher ici à appuyer ce principe par des raisons que les métaphysiciens imagineront aisément, mais auxquelles les géomètres se rendraient difficilement, je me contenterai d'observer que toutes les lois connues du mouvement de la matière y sont très conformes.] Partant de là, il justifie *a priori* la loi de Newton : mais son raisonnement est sans valeur, car il suppose implicitement que les temps restent les mêmes dans les deux trajectoires semblables, ce qui n'est aucunement nécessaire.

Laplace fait voir ensuite que bien des phénomènes encore mal connus laissent subsister quelque incertitude sur la vérité de la seconde hypothèse ; mais les recherches de d'Alembert sur la précession des équinoxes et la nutation de l'axe terrestre lui paraissent confirmer le principe d'une manière décisive.

Sur la propagation de l'attraction : [il n'est pas vraisemblable que la vertu attractive, ou plus généralement qu'aucune des forces qui s'exercent *ad distans*, se communique dans l'instant d'un corps à l'autre ; car tout ce qui se transmet à travers l'espace nous paraît répondre successivement à ses différents points · mais l'ignorance où nous sommes sur la nature des forces, et sur la manière dont elles sont transmises, doit nous rendre très retenus dans nos jugements, jusqu'à ce que l'expérience vienne nous éclairer. J'observerai cependant que, dans le cas même où elle semblerait donner une communication instantanée, on ne devrait pas se presser de conclure qu'elle a véritablement lieu dans la nature, car il y a infiniment loin d'une durée de propagation insensible à une durée absolument nulle ; ... il eût été par exemple impossible de connaître la vitesse de la lumière par des expériences faites sur la Terre.] D. Bernoulli avait conclu de l'étude des marées que l'action de la Lune pourrait employer un ou deux jours pour parvenir à la Terre ; cette lenteur paraît peu vraisemblable à Laplace, en vertu des résultats qu'il va obtenir au sujet de la quatrième hypothèse, dont il commence l'examen en ces termes : [Il est naturel de penser que la vitesse d'un corps doit le soustraire en partie à l'effort de la pesanteur. Ce sentiment, très vraisemblable en lui-même, serait incontestable, si la cause de cette force venait de l'impulsion d'un fluide quelconque... Je considérerai la pesanteur d'une molécule de matière comme produite par l'impulsion d'un corpuscule infiniment plus petit qu'elle, et mû vers le centre de la Terre avec une vitesse quelconque. La supposition ordinaire suivant laquelle la pesanteur agit de la même manière sur les corps en repos et en mouvement, revient à faire cette vitesse infinie : je la supposerai indéfinie, et je chercherai à la déterminer par l'observation.]

Par un raisonnement semblable à celui que l'on fait d'habitude pour expliquer l'aberration de la lumière, on voit que l'hypothèse de Laplace revient à ceci : il faut ajouter à la force de gravitation ordinaire une résistance dirigée en sens contraire du mouvement et égale à cette force multipliée par le rapport de la vitesse du corps à celle du corpuscule. On trouve ainsi que la longitude moyenne d'une planète doit être affectée d'une équation séculaire proportionnelle au carré du temps. Laplace voit là un moyen d'expliquer l'accélération de la longitude de la Lune, révélée par les observations des anciennes éclipses, et qu'il est impossible, d'après d'Alembert et Lagrange, d'attribuer à l'action perturbatrice du Soleil ou des planètes, ou encore de la figure non sphérique de la Terre ou de la Lune. En tenant compte du fait qu'il y aurait aussi une accélération séculaire dans le mouvement de la Terre, Laplace trouve la vitesse du corpuscule 6400000 fois plus grande que celle de la lumière.

Quelque naturelle que puisse être cette explication, il est bien éloigné cependant de l'admettre comme certaine. Il regarde l'accélération séculaire de la Lune comme bien établie, malgré l'incertitude que laissent sur ce point les recherches de Lagrange ; comme elle ne paraît pas explicable par les seuls principes de la gravitation universelle, dans les suppositions alors reçues, il faut ou faire varier un peu ces suppositions ou recourir à des causes étrangères ; l'hypothèse de l'abbé Bossut, qui admettait dans l'espace un fluide extrêmement rare, donne des résultats satisfaisants : [mais l'existence d'un pareil fluide est fort incertaine, à moins que l'on ne prenne pour ce fluide la lumière du Soleil... car selon toutes les apparences, cette lumière est une émanation de la substance même du Soleil.] Il critique à ce propos la théorie ondulatoire de la lumière ; et il annonce, sans donner le calcul, que la lumière ne saurait produire par son impulsion l'équation séculaire de la Lune. Il examine aussi l'influence de cette lumière sous un autre point de vue : elle dilate l'atmosphère, et produit ces vents généraux d'Est qu'on observe sous la zone torride, et dont l'action doit sensiblement retarder la rotation de la Terre, ce qui expliquerait d'une manière fort simple l'équation séculaire de la Lune. Mais il déclare avoir trouvé que ce ralentissement de la rotation terrestre ne saurait être sensible ; et aussi qu'il a examiné d'autres hypothèses qui ne lui ont donné que des résultats négatifs.

Après cette discussion, Laplace rentre dans les suppositions ordinairement admises, et va déterminer les inégalités séculaires des planètes. La plus importante de ces inégalités, celle qui affecte les moyens mouvements, ne lui paraît pas avoir été déterminée avec toute la précision nécessaire ; les résultats obtenus à ce sujet par Euler et par Lagrange sont très différents. Laplace s'assure indépendamment de tout calcul que la solution de Lagrange est incomplète, puisqu'elle dépend du plan de référence ; il montre que ses prédécesseurs ont laissé de côté des termes aussi sensibles que ceux qu'ils considéraient, et qu'il ne faut pas négliger les termes à petits coefficients qui deviennent fort grands par l'intégration ; et il observe encore, en renvoyant à un mémoire de Condorcet sur cette matière, que les termes séculaires ne se rencontrent peut-être pas dans l'expression rigoureuse du mouvement des planètes, s'ils sont produits par le développement des sinus et cosinus de très petits angles en série ; mais cette discussion, très intéressante du côté de l'analyse, lui paraît pratiquement inutile.

Le calcul des inégalités séculaires est peu simple, car Laplace fait usage des équations naturelles du mouvement en coordonnées polaires, sans les combiner d'aucune façon ; de plus les forces sont exprimées sans faire intervenir la notion de fonction perturbatrice. Pour les inégalités séculaires de l'inclinaison et du nœud, il est d'accord avec Lagrange et Euler ; pour celles de l'excentricité et de l'aphélie, avec Lagrange seulement ; mais il trouve une expression nouvelle de l'équation séculaire du moyen mouvement, fort compliquée, bien que les termes du quatrième degré par rapport aux excentricités et aux inclinaisons soient négligés. En appliquant sa formule au cas de Jupiter et de Saturne, il obtient des résultats absolument nuls ; donc les variations observées dans les moyens mouvements de ces deux planètes, et dont l'existence paraît prouvée, ne sauraient être attribuées à leur action mutuelle, et l'on doit regarder comme très probable qu'elles sont produites par l'action des comètes, celle des satellites étant inadmissible.

Il confirme le résultat obtenu par l'application du principe des aires, donné par le chevalier d'Arcy dans les mémoires de l'Académie pour 1747, qui lui montre que si l'une des équations séculaires est nulle, il doit en être de même de l'autre.

Mais l'exactitude avec laquelle les différents termes de l'expression de l'équation séculaire du moyen mouvement se sont détruits dans le cas de Jupiter et de Saturne, lui a fait soupçonner que cette expression est identiquement nulle ; et c'est ce qu'il a vérifié, en y conservant seulement les deux coefficients linéairement indépendants qui suffisent pour le développement périodique des puissances négatives impaires de la distance des deux planètes. En raison de l'importance de ce résultat, contraire à ce qu'avaient cru jusqu'alors tous les géomètres qui s'étaient occupés de cet objet, il donne les détails du calcul, et en profite pour simplifier les expressions des inégalités séculaires des autres éléments. Enfin, il calcule numériquement les équations séculaires de la Terre, incomplètement déterminées déjà par Euler ; le mouvement de l'apogée du Soleil, connu par les observations, lui sert à trouver la masse de Vénus, et il en déduit la diminution de l'obliquité de l'écliptique due à l'action des planètes. Comme on le voit, ce mémoire est d'une importance capitale, et montre bien la maîtrise extraordinaire dont fait preuve Laplace dès ses premiers travaux.

Nous avons déjà dit comment un mémoire de Lagrange envoyé à l'Académie des Sciences de Paris en 1774, sur les variations des inclinaisons et des nœuds des orbites planétaires, fut pour Laplace l'occasion de reprendre la question des inégalités séculaires en général, pour les mettre sous une forme qui ne soit pas valable seulement pour un temps limité. A la fin de son *Mémoire sur les solutions singulières des équations différentielles et sur les inégalités séculaires des planètes* (M. A. S. P., 1772, 1re partie, - 75), il indique très succinctement ses nouveaux résultats et la méthode d'approximation à laquelle ses recherches l'ont conduit, pour intégrer certaines équations différentielles. Il reprend ensuite toute cette matière dans un mémoire spécial fort étendu, intitulé *Recherches sur le calcul intégral et sur le système du monde* (M. A. S. P., 1772, 2e Partie, - 76).

En intégrant par approximations successives les équations du mouvement des corps célestes, [d'une forme si compliquée qu'elles ne laissent aucun espoir de réussir jamais à les intégrer rigoureusement,] on introduit des termes séculaires, ou encore des arcs de cercle dans la solution ; c'est-à-dire que le temps y figure en dehors des signes périodiques. Après avoir rappelé comment on a réussi à les éviter dans la théorie de la Lune, et comment une « analyse sublime » de Lagrange permet d'étendre ce résultat à la théorie des satellites de Jupiter, Laplace propose une nouvelle méthode générale pour faire disparaître les arcs de cercle, lorsque c'est possible, et l'explique d'abord sur quelques exemples. Il est revenu bien des fois ensuite sur cette méthode extrêmement remarquable, pour en mieux dégager les principes, qu'il avait d'abord sentis plutôt que démontrés ; il semble bien d'ailleurs que Lagrange, à qui il l'avait communiquée, n'en ait pas compris la haute portée. On peut l'exposer en quelques mots de la façon suivante. Soit une équation différentielle telle que :

$$\frac{d^2x}{dt^2} = \mathrm{P},$$

où P est une fonction entière de x et de $\frac{dx}{dt}$, périodique par rapport à certains arguments linéaires en t. Supposons l'intégrale générale obtenue sous la forme

$$x = \mathrm{X} + t\mathrm{Y} + t^2\mathrm{Z} + \ldots,$$

les fonctions X, Y, Z, ... dépendant de deux constantes arbitraires C_1, C_2, et étant encore périodiques par rapport aux arguments précités, ainsi qu'à d'autres analogues que l'intégration peut introduire. Si l'on admet que sont réalisées les conditions nécessaires pour qu'une fonction ne puisse être développée que d'une seule façon sous la forme donnée ci-dessus à x, il est clair que l'expression

$$x' = \mathrm{X}' + (t - \theta)\,\mathrm{Y}' + (t - \theta)^2\,\mathrm{Z}' + \ldots,$$

vérifiera encore l'équation proposée, en désignant par θ une arbitraire quelconque, et par X′, Y′, Z′, ... ce que deviennent X, Y, Z, ... quand on y remplace C_1, C_2 par deux autres constantes analogues C'_1, C'_2 : c'est là le point fondamental.

En déterminant convenablement C'_1, C'_2 en fonction de C_1, C_2, θ, on peut rendre identiques les expressions de x et de x' ; mais alors x' sera indépendant de θ, et on pourra donner à θ une valeur absolument quelconque : si l'on fait $\theta = t$, il restera donc

$$x = X',$$

en mettant pour C'_1, C'_2 les valeurs correspondantes : si celles-ci sont périodiques, on aura réussi de la façon la plus simple à faire disparaître les termes séculaires de l'expression primitive de x.

Pour déterminer C'_1, C'_2, on peut écrire que la valeur de x' devient indépendante de θ, de sorte que

$$\frac{dx'}{dC'_1}\frac{dC'_1}{d\theta} + \frac{dx'}{dC'_2}\frac{dC'_2}{d\theta} + \frac{dx'}{d\theta} = 0,$$

et d'après le principe déjà admis, cette équation en fournira plusieurs, toutes compatibles nécessairement, propres à la détermination de C'_1, C'_2, en ajoutant la condition supplémentaire que ces quantités se réduisent à C_1, C_2 pour $\theta = 0$.

On voit que cette méthode revient à faire varier les constantes d'intégration, mais qu'elle s'appuie sur des principes bien différents que le procédé généralement connu sous le nom de méthode de la variation des constantes.

En appliquant ses résultats au système d'équations différentielles linéaires qu'il doit rencontrer dans la suite, Laplace est amené à [donner quelques procédés plus simples que ceux déjà connus, pour éliminer entre un nombre quelconque d'équations du premier degré] et expose une intéressante théorie des déterminants, surtout au point de vue de leurs développements en produits de mineurs.

Arrivant enfin à la théorie des planètes, et faisant toujours usage des équations naturelles du mouvement, comme dans le mémoire déjà analysé, il détermine toutes les inégalités périodiques du premier ordre par rapport aux masses, du premier degré par rapport aux excentricités et aux inclinaisons ; il retrouve son théorème relatif à l'invariabilité des moyens mouvements, et fait disparaître les inégalités séculaires en appliquant sa méthode nouvelle ; à propos de l'équation qui détermine les mouvements des arguments séculaires, il fait remarquer combien il serait important de démontrer qu'elle n'a que des racines réelles, afin d'assurer la stabilité de la solution ; et pour le moment, il observe seulement qu'il en est bien ainsi dans le cas de deux planètes.

Après l'application numérique des formules trouvées au cas de Jupiter et de Saturne, il termine son mémoire par l'étude des inégalités séculaires que subiraient les éléments d'une planète mue dans un milieu résistant, et les calcule aisément par son procédé.

Dans un court *Mémoire sur l'intégration des équations différentielles par approximation* (M. A. S. P., 1777-80), Laplace revient sur sa méthode pour faire disparaître les arcs de cercle, et envisage aussi la question générale de la variation des constantes, d'un point de vue un peu différent de celui de Lagrange.

Le *Mémoire sur la détermination des orbites des Comètes* (M. A. S. P., 1780-84) est fort important. Laplace critique d'abord une méthode de Newton, adoptée par plusieurs géomètres, et nécessairement fautive, puisque, supposant le mouvement de la comète rectiligne et uniforme dans l'intervalle de trois observations rapprochées, on détermine cependant la position de ce fragment de trajectoire au moyen des différences secondes des coordonnées géocentriques ;

de sorte qu'on emploie d'un côté des quantités du même ordre que celles que l'on rejette de l'autre. Il avait déjà fait part de cette remarque à l'Académie, à propos d'un mémoire qui lui avait été présenté sur ce sujet en 1773, sans pousser alors plus loin ses recherches ; ce sont les travaux récents de Lagrange et de du Séjour qui ont réveillé ses anciennes idées sur cette matière.

Dans cette nouvelle méthode, aujourd'hui reprise, Laplace choisit comme données la longitude et la latitude géocentriques de la comète à une certaine époque, et leurs dérivées premières et secondes par rapport au temps ; il se sert de plusieurs observations pour former ces quantités, et donne d'abord les formules d'interpolation nécessaires à cet objet. Outre l'avantage de corriger ainsi l'influence des erreurs des observations par leur nombre, il y voit celui d'obtenir des formules simples et rigoureuses pour le calcul des éléments : [ici les approximations tombent sur les données de l'observation, et l'analyse est rigoureuse ; au lieu que, dans les méthodes connues, les observations sont supposées parfaitement exactes, et les résultats analytiques ne sont qu'approchés.] La considération des équations différentielles du mouvement de la comète et de celui de la Terre autour du Soleil conduit immédiatement à une équation du septième degré pour déterminer la distance ρ de la Comète à la Terre, et tous les éléments de l'orbite se déduisent ensuite très facilement de cette distance. Si l'on suppose le mouvement parabolique, on a une nouvelle équation du sixième degré pour déterminer ρ, et l'on peut profiter de cette surabondance pour laisser de côté celle des données qui paraît la moins certaine.

Lagrange avait trouvé, pour déterminer ρ, une équation du huitième degré, un peu différente de celle de Laplace :

cela tenait à une légère méprise de calcul, signalée par ce dernier dans une lettre du 21 mars 1781, et bien vite reconnue par son auteur.

Laplace résume enfin ses formules avec le plus grand soin, montre comment on peut corriger les résultats à l'aide d'observations suffisamment éloignées, et donne plusieurs applications dont quelques-unes sont dues à Méchain : [Persuadé que l'analyse, lorsqu'elle est convenablement appliquée, peut toujours fournir aux astronomes les méthodes les plus faciles et les plus abrégées pour les calculs numériques, je me suis étudié à leur en offrir un exemple dans ce problème... ; les nombreuses applications qui ont été faites de cette méthode prouvent son utilité.] Il ne faut pas oublier, pour comprendre ces paroles, que les astronomes avaient alors l'habitude de procéder par tâtonnements, souvent sans direction, et s'aidaient volontiers de paraboles de carton pour chercher les orbites des comètes.

Enfin, nous voyons encore que Laplace avait communiqué sa méthode à Pingré pour l'insérer dans son grand ouvrage sur les comètes ; et dans une lettre écrite à cette occasion, nous lisons : [J'ai retourné de toutes les manières possibles l'analyse de ce problème pour parvenir à la solution la plus simple et la plus exacte, et ce n'est qu'après un grand nombre de combinaisons que je me suis enfin arrêté à celle que je vous ai donnée.]

Nous avons déjà dit dans quelles circonstances fut publié en 1784 l'ouvrage intitulé *Théorie du mouvement et de la figure elliptique des planètes*. La préface est l'histoire et l'apologie de la loi de la gravitation universelle ; on y voit déjà développées la plupart des idées auxquelles Laplace s'est montré toujours fidèle, et que l'on retrouve par la suite dans ses différents ouvrages, chaque fois que l'occasion s'en présente. On peut signaler cette phrase sur les forces attractives, auxquelles il a constamment voulu ramener toute la Physique : [Dans les corps d'une grandeur peu considérable, la force attractive de la matière est insensible ; elle reparaît dans leurs éléments sous une infinité de formes différentes, et avec une activité si grande qu'il est difficile de croire que ce soit la même force qui fait graviter les corps célestes les uns vers les autres. La solidité des corps, leur cristallisation, la réfraction et la diffraction de la lumière, l'élévation et l'abaissement des fluides dans les tubes capillaires, et généralement toutes les combinaisons chimiques sont le résultat de forces attractives dont les lois n'ont pas encore été bien déterminées... aucun moyen ne paraît plus propre à cet objet que l'équilibre entre les affinités des corps et la force répulsive de la chaleur...]

On reconnaît encore la tendance philosophique de l'auteur dans ces passages : [On peut accroître de deux manières la probabilité d'une théorie : en diminuant le nombre des hypothèses sur lesquelles elle est fondée, et en augmentant le nombre des phénomènes qu'elle explique... Ainsi nous manquons de moyens pour remonter à la cause de la pesanteur et à l'état primitif du système de la nature, et nous devons nous borner à examiner les effets qui résultent de la disposition présente des corps célestes et de la loi de leur gravitation mutuelle.]

Le but de l'ouvrage est fixé de la façon suivante : [Une des propriétés les plus remarquables de la loi de pesanteur qui a lieu dans la nature, est de terminer les orbites des corps célestes par des lignes du second ordre, et leurs figures par des surfaces du second ordre, du moins lorsqu'on fait abstraction des petites inégalités qui troublent leurs mouvements et leurs figures.] Il en résulte une division naturelle en deux parties : la première qui nous intéresse seule actuellement est un exposé très clair des propriétés du mouvement elliptique et parabolique, et même du mouvement parabolique approché ; Laplace y introduit de plus les expressions des inégalités séculaires des planètes, et sa méthode pour déterminer les orbites des comètes. Il faut citer ce qu'il dit de la planète Uranus, découverte par Herschel en mars 1781 : [Lorsque cette découverte parvint en France, j'appliquai à cet astre, considéré comme une comète, une nouvelle méthode dont j'étais alors occupé ; je trouvai quatre paraboles qui satisfaisaient aux premières observations] ; quelques jours suffirent pour en exclure deux, il fallut un intervalle de quelques mois pour rejeter les autres. Dès le mois d'août 1781, Laplace soupçonne que l'astre se meut dans une orbite circulaire de très grand rayon : c'est d'ailleurs le président de Saron [qui a reconnu le premier le grand éloignement de cet astre, dont il s'était assuré par des moyens fort ingénieux.] Plus tard, Laplace détermine l'excentricité de l'orbite par une méthode qu'il n'indique pas ; et l'emploi d'une observation de la planète comme étoile par Mayer en 1756 permet le calcul de l'inclinaison et de la longitude du nœud.

Dans une addition placée à la fin de l'ouvrage, nous voyons enfin que Dom Nouet, religieux de l'ordre de Citeaux, et très habile calculateur, a comparé aux tables de la planète formées avec les éléments de Laplace toutes les observations jusqu'à la fin de 1783 ; il en résulte que les erreurs doivent être rejetées en grande partie sur les observations.

Un assez court *Mémoire sur les inégalités séculaires des planètes et des satellites* (M.A.S.P., 1784-87) va nous montrer le succès éclatant des efforts de Laplace pour ramener tous les phénomènes célestes à la loi de Newton. Il y retrace d'abord l'histoire des irrégularités des mouvements de Jupiter et de Saturne, mis en évidence par la comparaison des observations anciennes et modernes. Dans l'impossibilité d'expliquer ces variations par l'action seule des planètes, il avait soupçonné que celle des comètes en était la cause ; mais, en les considérant ensuite avec attention, leur marche lui parut s'accorder si bien avec le résultat de l'action des planètes, qu'il abandonna cette hypothèse ; et il fut amené à penser qu'il existait dans le mouvement des deux planètes une inégalité à très longue période dont il fallait chercher l'origine dans leur configuration. Les termes qui dépendent de l'argument $5\,l' - 2\,l$, en appelant l, l' les longitudes moyennes de Jupiter et de Saturne, pouvant seuls devenir sensibles par les intégrations, quoique du troisième degré par rapport aux excentricités et aux inclinaisons des orbites, [la probabilité de cette cause et l'importance de cet objet m'ont déterminé à entreprendre le calcul long et pénible nécessaire pour m'en assurer. Le résultat de ce calcul a pleinement confirmé ma conjecture... Il aurait fallu plusieurs siècles d'observations suivies pour déterminer empiriquement ces inégalités, à cause de la longueur de leur période : ainsi, sur ce point, la théorie de la pesanteur a devancé l'observation.]

Après avoir annoncé seulement ce résultat, Laplace parle de la libration des trois premiers satellites de Jupiter, qu'il va expliquer plus loin ; il s'appuie sur cette [règle générale que, si le résultat d'une longue suite d'observations précises approche d'un rapport simple, de manière que la différence soit inappréciable par les observations et puisse être attribuée aux erreurs dont elles sont susceptibles, ce rapport est probablement celui de la nature] ; mais il n'est pas l'effet du hasard, et l'attraction doit en être la seule cause.

Enfin, un autre point important du système du monde qui reste encore à éclaircir, c'est de savoir si les excentricités et les inclinaisons restent renfermées constamment dans d'étroites limites ; Lagrange a fait voir que cela est vrai pour les planètes, en partant des suppositions les plus vraisemblables sur leurs masses ; mais Laplace va montrer que ce fait est général sous la seule condition que les mouvements soient tous de même sens.

Tel est le sommaire de cet important mémoire.

Pour démontrer les propositions annoncées, Laplace se sert de la fonction perturbatrice, tout comme il vient d'introduire le potentiel dans ses recherches sur la figure de la Terre : mais c'est Lagrange qui, le premier, dans sa pièce sur l'équation séculaire de la Lune, couronnée en 1774 par l'Académie des Sciences, exprima les forces attractives décomposées suivant les directions des coordonnées par les dérivées partielles d'une fonction par rapport à ces coordonnées ; l'introduction de cette fonction dans la mécanique céleste est « à cause de son utilité, une véritable découverte ». Il établit alors l'intégrale des forces vives et celles des aires, et c'est avec leur aide qu'il arrive à son but : ces résultats sont restés classiques, et sont trop connus pour que nous puissions nous y attarder davantage.

C'est dans la *Théorie de Jupiter et de Saturne* (M. A. S. P., 1785-88, et 1786-88), que l'on trouve développés les calculs relatifs aux grandes inégalités de ces deux planètes. Dans le préambule, il annonce une nouvelle découverte : [Il restait cependant encore un phénomène céleste, l'accélération du moyen mouvement de la Lune, que l'on n'avait pu jusqu'ici ramener aux lois de la pesanteur : les géomètres qui s'en étaient occupés avaient conclu de leurs recherches qu'il ne peut être produit par la gravitation universelle, et, pour l'expliquer, on avait eu recours à différentes hypothèses, telles que la résistance de l'éther, la transmission successive de la gravité, l'action des comètes, etc. Mais, après diverses tentatives, je suis enfin parvenu à découvrir la véritable cause de ce phénomène. J'ai trouvé que l'équation séculaire de la Lune résulte de l'action du Soleil sur ce satellite, combinée avec la variation de l'excentricité de l'orbite terrestre.] Plus tard, au livre XVI de la *Mécanique céleste*, Laplace dit encore à ce sujet : [En m'occupant de la théorie des satellites de Jupiter, je reconnus que la variation séculaire de l'excentricité de l'orbite de Jupiter devait produire des équations séculaires dans leurs mouvements moyens. Je m'empressai de transporter ce résultat à la Lune, et je trouvai que la variation séculaire de l'excentricité de l'orbe terrestre produit dans le moyen mouvement de la Lune l'équation séculaire déterminée par les astronomes. Je trouvai de plus que la même cause produit, dans les mouvements du nœud et du périgée de l'orbite de la Lune, des équations séculaires. Je communiquai ces recherches à l'Académie des Sciences le 19 novembre 1787.]

Le mémoire est divisé en trois sections ; les deux dernières sont consacrées à la discussion des observations et à la formation de tables numériques pour la recherche des lieux de Jupiter et de Saturne : elles doivent beaucoup à la collaboration de Delambre. Dans la première section, Laplace établit d'abord les équations du mouvement d'un point matériel M, de masse égale à l'unité, et soumise à l'action d'une fonction de forces U, sous la forme dont il fera toujours usage dorénavant ; si r est le rayon vecteur, et si (dU) désigne la différentielle de U prise en faisant varier seulement les coordonnées de M, on a l'équation fondamentale

$$\frac{1}{2}\frac{d^2(r^2)}{dt^2} = r\frac{dU}{dr} + 2\int(dU),$$

qui permet de calculer directement, ou par approximations successives, la perturbation δr du rayon vecteur qui est du premier ordre par rapport aux masses perturbatrices. Une autre équation fort importante fournit dans les mêmes conditions la perturbation analogue δv de la longitude dans l'orbite, dont la partie à longue période dépend surtout de l'intégrale $\iint (dU)\,dt$; enfin la latitude au-dessus du plan de l'orbite primitive de M se détermine encore sans peine par de simples quadratures. Laplace profite de ces équations pour démontrer à nouveau son théorème relatif à la constance des moyens mouvements, que Lagrange avait étendu « par une analyse fort ingénieuse », en faisant voir qu'il subsiste même en ayant égard aux puissances supérieures des excentricités et des inclinaisons ; puis il détermine analytiquement toutes les inégalités jusqu'au premier degré inclusivement par rapport à ces mêmes quantités, et donne les moyens nécessaires pour les calculer numériquement. Pour les inégalités de degré supérieur, qui n'avaient jamais été envisagées jusque-là, il se borne à chercher les parties principales de celles qui sont à longue période, c'est-à-dire les parties qui dépendent du carré du petit diviseur correspondant ; ce qui est facile, car [heureusement, la raison qui nous oblige de recourir à ces inégalités simplifie leur détermination.] Il applique ses résultats au calcul analytique des grandes inégalités de Jupiter et de Saturne, et détermine encore plusieurs autres inégalités concomitantes, rendues fort sensibles par le rapport approché de commensurabilité qui a lieu entre les moyens mouvements des deux planètes.

Les calculs relatifs à l'accélération du moyen mouvement de la Lune sont contenus dans le mémoire *Sur l'équation séculaire de la Lune* (M. A. S. P., 1786-88), imprimé dans le même volume que le précédent. Nous avons déjà dit comment Laplace fut amené à découvrir enfin la cause de ce phénomène ; mais en même temps, il montre qu'il y a également accélération pour le mouvement du périgée et celui du nœud, et il calcule correctement les premiers termes de ces trois accélérations, en se servant des équations établies dans la théorie de Jupiter et de Saturne ; il termine par quelques comparaisons avec les observations.

Il annonce encore que la variation séculaire de l'écliptique ne saurait produire aucun effet semblable : l'orbite lunaire est ramenée sans cesse, par l'action du Soleil, à la même inclinaison sur celle de la Terre. Il démontre aussi que l'égalité des mouvements de rotation et de révolution de la Lune n'est pas altérée par le fait de l'équation séculaire.

Pour déterminer numériquement cette équation, il faudrait une connaissance exacte des masses des planètes : [La postérité, à qui elle est réservée, aura l'avantage de juger des états passés et à venir du système du monde, avec la même évidence que de son état présent ; elle verra sans doute avec reconnaissance que les géomètres de ce siècle ont indiqué les causes de tous les phénomènes célestes, et qu'ils en ont donné les expressions analytiques, dans lesquelles il n'y a plus qu'à substituer les valeurs des quantités que l'observation seule peut faire connaître.] Il semble que Laplace se laisse entraîner ici plus loin qu'il ne convient, et l'expérience l'a bien prouvé sur ce point même, comme nous le verrons plus loin ; il se montrera plus réservé lorsqu'il écrira, à propos du progrès des sciences, les réflexions que nous avons rapportées au commencement du Chapitre II. C'est sous l'empire du même sentiment de légitime orgueil qu'il récapitule l'ensemble de ses recherches sur les équations séculaires observées par les astronomes dans les mouvements célestes : [J'ose espérer que l'on verra avec plaisir ces phénomènes, qui semblaient inexplicables par la loi de la pesanteur, ramenés à cette loi dont ils fournissent une confirmation nouvelle et frappante... Ainsi le système du monde ne fait qu'osciller autour d'un état moyen dont il ne s'écarte jamais que d'une très petite quantité... Cette stabilité du système du monde, qui en assure la durée, est un des phénomènes les plus dignes d'attention, en ce qu'il nous montre dans le ciel, pour maintenir l'ordre de l'univers, les mêmes vues que la nature a si admirablement suivies sur la terre pour conserver les individus et perpétuer les espèces.]

Les travaux de Laplace sur les équations séculaires lui valurent le prix de l'Académie des Sciences de Stockholm en 1791 ; ce prix, de cent ducats d'or, était inattendu, puisque ces travaux étaient déjà publiés depuis plusieurs années, et Poisson rapporte que Laplace aimait à répéter qu'il lui avait été d'une grande utilité.

Dans un court *Mémoire sur les variations séculaires des orbites des planètes* (M. A. S. P., 1787-89), Laplace reprend les équations différentielles linéaires dont dépendent les inégalités séculaires, et, par l'étude directe de leurs intégrales, démontre à nouveau la stabilité du système planétaire. Toutefois, sa démonstration n'est pas entièrement exacte : les racines de l'équation qui définit les mouvements des arguments séculaires peuvent devenir égales, contrairement à ce qu'il avance ; ce qui reste vrai, c'est que, même s'il en est ainsi, les solutions ne contiendront aucun terme non périodique. [Mais cette propriété remarquable convient-elle également à un système de planètes qui se meuvent en différents sens ? C'est ce qu'il serait très difficile de déterminer. Comme cette recherche n'est d'aucune utilité dans l'Astronomie, nous nous dispenserons de nous en occuper.]

Nous ne pouvons guère que citer le long et très beau mémoire intitulé *Théorie des satellites de Jupiter* (M. A. S. P., 1788-89 et 1789-92). Ce magnifique sujet n'avait encore été traité que par Lagrange et Bailly, mais d'une façon insuffisante, surtout de la part de ce dernier. L'objet du nouveau travail de Laplace est nettement indiqué dans les quelques lignes qui servent de préambule : [Je me propose dans cet ouvrage de donner une théorie complète des perturbations qu'éprouvent les satellites de Jupiter, et de présenter aux astronomes les ressources que l'analyse peut fournir pour perfectionner les tables du mouvement de ces astres.]

C'est Delambre qui a aidé Laplace pour la discussion numérique et le calcul des tables des quatre satellites. Toutes les actions susceptibles d'influer sur les mouvements de ces corps sont envisagées avec le plus grand soin, en particulier celle de l'aplatissement de Jupiter, que l'observation de ces mouvements fera précisément connaître ; le phénomène de la libration des trois premiers satellites est présenté d'une façon nouvelle avec tous les développements qu'il comporte ; une partie importante du mémoire est consacrée à la théorie des éclipses, malgré l'incertitude de leurs observations, qui permettent cependant de retrouver la valeur de la constante de l'aberration telle qu'elle a été fixée par Bradley : [Il est curieux de voir un aussi parfait accord entre deux résultats par des méthodes aussi différentes. Il suit de cet accord que la vitesse de la lumière est uniforme dans tout l'espace compris par l'orbe terrestre... Cette uniformité est une nouvelle raison de penser que la lumière du Soleil est une émanation de cet astre ; car, si elle était produite par les vibrations d'un fluide élastique, il y a tout lieu de penser que ce fluide serait plus élastique et plus dense en approchant du Soleil, et qu'ainsi la vitesse de ses vibrations ne serait pas uniforme.]

Dans un mémoire *Sur quelques points du système du monde* (M. A. S. P., 1789, an II), Laplace discute assez brièvement divers sujets, entre autres les variations de l'obliquité de l'écliptique, du mouvement des équinoxes en longitude, de la longueur de l'année ; il revient encore sur sa méthode pour faire disparaître les arcs de cercle ; il démontre l'existence du plan invariable, dont il signale l'importance, et en fait l'application au problème du mouvement de deux orbites, déjà résolu par Lagrange, mais d'une façon moins simple et moins complète ; enfin il étudie le problème de l'équilibre relatif et plus généralement du mouvement semblable de trois corps ou d'un plus grand nombre de corps, avec une loi d'attraction quelconque. Cette question avait encore été résolue précédemment par Lagrange dans le cas de trois corps s'attirant suivant la loi de Newton : mais Laplace met en évidence de la façon la plus simple le principe général dont dépend la solution.

Après la disparition de l'ancienne Académie des Sciences, les recherches de Laplace sont publiées, pour la plupart, dans les *Mémoires de l'Institut national des Sciences et Arts* (Classe des sciences physiques et mathématiques), que nous désignerons par l'abréviation M. I. N., en la faisant suivre du numéro du tome, et de la date de publication ; puis, après la réorganisation de 1816, dans les nouveaux *Mémoires de l'Académie des Sciences*, que nous désignerons dans les mêmes conditions par M. A. S. En même temps, Laplace fait paraître de nombreuses notes dans la *Connaissance des Temps*, dans le *Journal de Physique*, et divers autres recueils ;

mais presque toutes ces notes ne sont que l'abrégé ou la réédition d'un mémoire publié dans les collections académiques, et nous ne signalerons que celles qui se distinguent par leur originalité et leur importance.

Le dernier travail publié par Laplace dans l'ordre d'idées qui nous occupe actuellement, avant l'apparition des deux premiers volumes du *Traité de Mécanique céleste* en l'an VII, est le *Mémoire sur les équations séculaires des mouvements de la Lune, de son apogée et de ses nœuds* (M. I. N., II, fructidor an VII, lu le 21 nivôse an VI). Avant de donner son analyse, il présente quelques réflexions sur la théorie lunaire. [On voit avec peine que, si la théorie de la pesanteur a fait connaître la loi des inégalités du mouvement de la Lune, elle n'a pas suffi seule à fixer leur valeur ; à la vérité, cette détermination dépend d'approximations extrêmement compliquées, dans lesquelles on n'est jamais sûr que les quantités négligées sont très petites ; ... mais il me semble que les géomètres pourraient obvier à cet inconvénient en discutant avec une attention scrupuleuse l'influence des intégrations successives sur les quantités que l'on néglige, et en s'attachant à suivre la même méthode dans leurs recherches, ce qui rendrait les calculs déjà faits utiles à ceux qui, cherchant à perfectionner la théorie de la Lune, ajouteraient ainsi leurs travaux aux travaux de leurs prédécesseurs.] On sait combien ce vœu si sage est resté stérile ! C'est la méthode de d'Alembert qui lui paraît la plus simple, et il est persuadé [qu'en la présentant avec la clarté dont elle est susceptible, elle doit conduire aux résultats les plus exacts.] C'est, à très peu de chose près, la méthode qu'il adoptera lui-même, ici et plus tard dans la *Mécanique céleste*, en prenant pour coordonnées la longitude, la tangente de la latitude, et l'inverse du rayon vecteur projeté sur l'écliptique, et exprimant le temps en fonction de la longitude, prise comme variable indépendante: mais ici, il esquisse seulement la théorie, se bornant aux points nécessaires pour le calcul des accélérations séculaires. Depuis qu'il a fait connaître leur formule, [plusieurs géomètres l'ont tirée de leurs méthodes ; ce qui est aisé lorsque les vérités sont une fois connues] ; on peut d'ailleurs y arriver sans calcul, ainsi qu'il l'a fait voir dans l'*Exposition du système du monde*, en sorte qu'on pourrait s'étonner [que la cause de l'équation séculaire de la Lune ait échappé si longtemps aux efforts des géomètres, si l'on ne savait pas que les idées les plus simples sont presque toujours celles qui s'offrent les dernières à l'esprit humain.] C'est là encore une maxime que Laplace répétait volontiers.

Précédemment, il n'a eu égard qu'à la première puissance de la fonction perturbatrice ; mais, rappelant l'histoire du mouvement de l'apogée, dont Clairaut a montré que la moitié seulement était obtenue par cette approximation, il va déterminer de même l'équation séculaire de l'apogée et des nœuds, en tenant compte du carré de la force perturbatrice, et trouver ainsi, à l'aide d'une analyse particulièrement délicate et épineuse, des corrections fort importantes. Il est profondément regrettable que, trompé sans doute par un accord avec des observations très discutables, Laplace se contente ici d'affirmer que la première approximation est d'une grande précision relativement à l'accélération séculaire de la longitude moyenne ; en fait, celle-ci est diminuée de presque moitié par les approximations suivantes, et sa détermination théorique exacte, obtenue pour la première fois par Adams en 1853, et si facile aujourd'hui, a donné lieu à bien des erreurs et des controverses.

La comparaison des résultats avec les observations est due à Bouvard : c'est un travail considérable.

Enfin, Laplace montre que si l'on suppose une résistance de l'éther, ou bien une transmission successive de la gravité, le moyen mouvement de la Lune est seul accéléré, sans que le nœud et l'apogée éprouvent d'altérations sensibles : [l'équation séculaire de la Lune n'est donc point l'effet de ces deux causes ; et quand même sa cause serait encore inconnue, cela seul suffirait pour les exclure.] Par suite encore, la vitesse de la force attractive surpasse cinquante millions de fois la vitesse de la lumière.

Dans le *Mémoire sur le mouvement des orbites des satellites de Saturne et d'Uranus* (M. I. N., prairial an IX, lu le 11 ventôse an VIII), Laplace explique pourquoi, en raison de son éloignement, l'orbite de Japet, le dernier satellite connu de Saturne, n'est pas dans le plan de l'anneau, comme celles des autres satellites plus rapprochés : c'est ce qu'avait déjà reconnu Jacques Cassini en 1714. Son analyse est simple et intéressante : l'éloignement de ce satellite rend l'action du Soleil, pour changer le plan de son orbite, comparable à celle de Saturne, des anneaux et des satellites intérieurs ; et le pôle de l'orbite décrit sur la sphère céleste une ellipse sphérique presque circulaire. [Lorsqu'on est parvenu à la véritable cause des phénomènes, on la compare avec intérêt aux tentatives plus ou moins heureuses faites auparavant pour les expliquer] ; Laplace rapporte l'explication de J. Cassini, et montre comment on doit la modifier et l'interpréter pour la rendre acceptable.

Les considérations relatives aux satellites d'Uranus sont devenues sans intérêt.

L'objet d'un nouveau *Mémoire sur la théorie de la Lune* (M. I. N., III, prairial an IX, lu le 26 prairial an VIII) est indiqué par les lignes suivantes : [Le sphéroïde terrestre, par son attraction sur la Lune, fait osciller l'orbite lunaire comme l'attraction de la Lune sur le sphéroïde terrestre fait osciller notre équateur. L'étendue de cette nutation dépend de l'aplatissement de la Terre, et peut ainsi répandre un grand jour sur cet élément important.] Laplace détermine les expressions analytiques des coefficients des inégalités correspondantes de la longitude et de la latitude, et les compare aux valeurs déduites de l'observation par Bouvard et Bürg : [la découverte de cette loi est donc un nouveau bienfait de la théorie de la pesanteur universelle, qui, sur ce point comme sur beaucoup d'autres, a devancé les observations... ; il est remarquable que la Lune, par l'observation suivie de ses mouvements, nous découvre la figure de la Terre, dont elle fit connaître la rondeur aux premiers astronomes par ses éclipses.] Laplace ajoute encore, pensant toujours à l'examen qu'il a fait autrefois des hypothèses admises par Newton au sujet de la gravitation : [Il résulte de ces recherches que la pesanteur de la Lune vers la Terre n'est point exactement dirigée vers le centre de cette planète, et se compose des attractions de toutes ses parties, ce qui fournit une confirmation nouvelle de l'attraction réciproque des molécules de la matière.]

Le dernier travail publié par Laplace dans les mémoires de l'Académie des Sciences est relatif aux développements en séries ordonnées suivant les puissances de l'excentricité, que l'on rencontre dans l'étude du mouvement elliptique : mais il se rattache plutôt aux recherches sur les fonctions de grands nombres, et nous en parlerons ultérieurement.

Dans les nombreuses notes données à la *Connaissance des Temps* depuis qu'elle était rédigée et publiée par le Bureau des Longitudes, Laplace cherche souvent à perfectionner ses travaux antérieurs, en particulier sur la théorie de la Lune. Dans le volume pour 1813 (1811), il traite de l'*iné-*

galité à longue période du mouvement lunaire qu'il a déjà indiquée aux astronomes pour concilier les anomalies observées dans ce mouvement, et qui serait proportionnelle au cosinus de l'argument E, égal à la longitude du périgée lunaire plus deux fois celle du nœud. Ainsi qu'il l'a montré au livre VII de la *Mécanique céleste*, sans faire d'ailleurs aucun calcul, cette inégalité se présente sous trois formes différentes : si π' est la longitude du périgée solaire, elle peut être proportionnelle à sin $(E - 3\pi')$, et dépend de l'action du Soleil ; ou bien à sin $(E - \pi')$, et dépend alors de l'ellipticité de la Terre ; ou bien enfin à cos E, étant produite par la différence des deux hémisphères austral et boréal de la Terre : [plus je réfléchis à cet objet, et plus je suis porté à croire que cette dernière forme est la seule qui puisse être sensible.] Il met ainsi les observations d'accord, mais d'une façon purement empirique : en réalité, toutes ces inégalités sont parfaitement négligeables. Il faut admirer avec quel soin Laplace cherche jusqu'à la fin à réaliser l'accord de la théorie avec les observations, analysant minutieusement toutes les causes susceptibles de le conduire à son but, même quand elles sont d'abord profondément cachées.

Dans la *Connaissance des Temps* pour 1823 (1820), Laplace revient sur les inégalités lunaires dues à l'aplatissement terrestre, pour confirmer par une analyse nouvelle ses premiers résultats, que quelques géomètres (Plana et Carlini) n'avaient retrouvés qu'avec des différences assez notables.

Dans le même volume, il rend compte des deux pièces couronnées par l'Académie, qui, à sa prière, avait proposé pour sujet du prix de mathématiques qu'elle devait décerner en 1820, [la formation, par la seule théorie, de tables lunaires aussi exactes que celles qui ont été construites par le concours de la théorie et des observations. Je désirais encore que mes résultats sur les inégalités séculaires de la Lune fussent vérifiés et même perfectionnés par les géomètres.] On retrouve cette même pensée plus tard dans la *Connaissance des Temps* pour 1829 (1826) : [En publiant mon *Traité de Mécanique céleste*, j'ai désiré que les géomètres en vérifiassent les résultats, et spécialement ceux qui me sont propres. Les résultats de la théorie du système du monde sont si distants des premiers principes que leur vérification est nécessaire pour en assurer l'exactitude. Les géomètres qui s'en occupent font donc une chose très utile à l'astronomie. Je dois, comme savant et comme auteur, beaucoup de reconnaissance à ceux qui veulent bien prendre mon ouvrage pour texte de leurs discussions, et qui, par là, me fournissent l'occasion d'éclaircir quelques points délicats traités dans cet ouvrage.]

Revenons aux deux pièces couronnées par l'Académie ; la première était due à Damoiseau, la seconde à Plana et Carlini. Dans sa critique, Laplace défend le principe de sa méthode, où la longitude vraie est la variable indépendante, et qui donne les approximations les plus convergentes ; toutefois, il faut savoir varier, suivant les circonstances : [L'uniformité de la méthode donne sans doute de l'élégance à l'analyse... C'est dans le choix des méthodes et dans la prévoyance des quantités qui peuvent devenir sensibles par les intégrations successives que consiste l'art des approximations, art non moins utile au progrès des sciences que la recherche des méthodes analytiques.]

A propos du travail de Plana et Carlini, il fait encore les remarques suivantes qui n'ont rien perdu de leur valeur : [Les auteurs de la seconde pièce ont réduit leurs expressions en séries ordonnées par rapport aux puissances ascendantes du rapport du mouvement du Soleil à celui de la Lune... L'analyse ne présente point ces expressions sous cette forme : elle conduit à des équations dans lesquelles les quantités cherchées sont entremêlées, et affectées de divers diviseurs. Pour les réduire à la forme de séries, il faut éliminer ces quantités, et réduire ensuite en séries les diviseurs des divers termes de leurs expressions. On conçoit que cela doit conduire à des séries peu convergentes, et qu'il faut beaucoup prolonger pour obtenir le même degré de précision que donne la méthode employée dans la *Mécanique céleste*.]

Dans le même volume encore, Laplace donne un premier calcul relatif à l'inégalité lunaire à longue période, dépendante de la différence des deux hémisphères terrestres ; puis il revient à nouveau sur les inégalités qui dépendent de l'aplatissement et sur sa controverse à ce sujet avec Plana et Carlini.

Le mémoire assez long : *Sur les variations des éléments du mouvement elliptique et sur les inégalités lunaires à longues périodes* inséré dans la *Connaissance des Temps* pour 1824 (1821) est particulièrement intéressant et doit être rapproché du supplément au tome III de la *Mécanique céleste*, présenté au Bureau des Longitudes le 17 août 1808. Quand on applique aux inégalités lunaires à longue période la méthode générale suivie par Laplace dans sa théorie de la Lune, et généralement toutes les méthodes fondées sur des principes analogues, on rencontre des difficultés provenant de ce que le résultat se présente comme la différence de quantités fort grandes dont les parties principales se détruisent : il faut donc déterminer avec un soin particulier toutes les quantités d'un ordre supérieur de petitesse qui entrent dans cette différence, ce qui exige des considérations délicates et minutieuses. Les méthodes fondées sur une formule générale déjà signalée dans la *Théorie de Jupiter et de Saturne* pour calculer les perturbations de la longitude vraie, ou bien sur la variation des éléments du mouvement elliptique, n'offrent point le même inconvénient, et Laplace va les appliquer au calcul des inégalités à longue période qui dépendent du double de la distance du périgée au nœud de la Lune, de la distance des périgées du Soleil et de la Lune, de l'aplatissement de la Terre, et de la différence des deux hémisphères terrestres. Mais auparavant, il fait un résumé historique des recherches sur les inégalités séculaires ou à longue période, et aussi de celles relatives à la variation des éléments elliptiques. Déjà, à la fin du premier volume de la *Mécanique céleste,* il avait cherché à étendre le théorème de Lagrange relatif à la différentielle du grand axe, mais n'avait obtenu que des résultats incomplets. C'est dans le supplément présenté au Bureau des Longitudes dans cette séance du 17 août 1808 dont nous avons déjà parlé, qu'il arrive à exprimer les différentielles de tous les éléments du mouvement elliptique en fonction des dérivées partielles de la fonction perturbatrice, en même temps que Lagrange communique les expressions inverses ; il fait honneur à Poisson de quelques-uns de ces nouveaux résultats, et reprend la démonstration de ce géomètre relative à l'extension du théorème de l'invariabilité des grands axes jusqu'aux secondes puissances des masses perturbatrices.

Dans le mémoire actuel, il complète ses formules, dans lesquelles il avait négligé quelques termes.

On trouve encore dans la *Connaissance des Temps* plusieurs notes sur divers points de mécanique céleste, destinées à confirmer ou à corriger les recherches antérieures, qui ont quelquefois donné lieu à des objections plus ou moins fondées, de la part de Plana en particulier.

On peut faire à ce sujet une observation générale sur les problèmes de la mécanique céleste : quelle que soit la méthode suivie, la première approximation est presque toujours simple et facile ; c'est quand on veut aller au-delà, ainsi qu'il est bien souvent nécessaire, que les difficultés surgissent de tous côtés : il faut alors une pénétration toute particulière et un soin extraordinaire pour éviter les erreurs, et le choix de la méthode prend toute son importance. L'histoire de la théorie de la Lune, et celle de la détermination des termes d'ordre supérieur dans la théorie de Jupiter et de Saturne en sont des exemples trop frappants pour qu'il soit nécessaire d'insister : ce n'est qu'après de longs efforts et de nombreuses méprises que l'on est arrivé à des résultats satisfaisants.

En terminant ce paragraphe, il faut dire encore que Laplace compare toujours avec le plus grand soin le résultat de ses théories et de ses calculs à toutes les observations anciennes qu'il peut se procurer, grecques, chinoises, arabes, perses, indiennes, etc. ; il fait traduire, s'il est nécessaire, les ouvrages et manuscrits qui les renferment. Il trouve là aussi le moyen de fixer les dates de certaines tables astronomiques anciennes, précisément d'après les valeurs qui y sont données pour les éléments soumis à de lentes variations séculaires, comme l'obliquité de l'écliptique, par exemple. Comme toujours, nous le voyons guidé par le souci de montrer tous les phénomènes célestes réglés effectivement par la seule loi de la pesanteur, et attachant au moins autant de prix à la discussion des réalités qu'à la pure analyse.

II

RECHERCHES SUR L'ATTRACTION, LA FIGURE DE LA TERRE, LE MOUVEMENT DES CORPS CÉLESTES AUTOUR DE LEURS CENTRES DE GRAVITÉ, LES OSCILLATIONS DE LA MER, ETC.

Le premier travail de Laplace dans cet ordre d'idées est la seconde partie du *Mémoire sur l'inclinaison moyenne des orbites des comètes, sur la figure de la Terre et sur les fonctions* (M. A. S. P., Savants étrangers, VII, 1773-76). Voici comment il pose la question : [Lorsque Newton voulut déterminer la figure de la Terre, il considéra cette planète comme une masse fluide homogène, et il supposa que la figure qu'elle a prise en vertu de son mouvement de rotation est celle d'une sphéroïde elliptique. Cette supposition était fort précaire ; les géomètres en ont ensuite démontré la possibilité ; mais, si la figure nécessaire pour l'équilibre, au lieu d'être elliptique, eût été d'un autre genre, on aurait été fort embarrassé pour la déterminer, parce qu'il est beaucoup plus facile de s'assurer si une figure donnée convient à l'équilibre, que de chercher immédiatement celles qui peuvent y convenir. Ce dernier problème est, sans contredit, un des points les plus intéressants du système du monde.]

Il reprend ce problème dans une addition au Mémoire intitulé *Recherches sur le calcul intégral et le système du monde*, précédemment cité ; et il suffira de dire quelques mots de ce second travail, qui comme le premier, est une continuation des recherches de d'Alembert, et procède du même esprit.

Pour déterminer la figure d'équilibre d'une masse fluide

homogène de révolution, infiniment peu différente de la sphère, tournant uniformément autour de son axe, Laplace arrive à une équation différentielle facile à former, mais dont l'ordre est infini. Il suffit d'ailleurs d'examiner le cas particulier où la masse est immobile, la solution générale s'en déduisant immédiatement. La sphère est-elle alors la seule figure possible ? on ne peut l'affirmer, mais seulement exclure un grand nombre d'autres figures, ainsi que l'avait déjà tenté d'Alembert, d'une façon inexacte. Un résultat intéressant est que la loi de la variation de la pesanteur à la surface de la masse tournante reste la même, quelle que soit la figure supposée au sphéroïde en équilibre : cette variation est proportionnelle au carré du sinus de la latitude.

Dans le mémoire très étendu intitulé *Recherches sur plusieurs points du système du monde* (M. A. S. P., 1775-78, 1776-79), Laplace se propose de traiter : 1° la loi de la pesanteur à la surface des sphéroïdes homogènes en équilibre ; 2° le phénomène du flux et du reflux de la mer, la précession des équinoxes et la nutation de l'axe de la Terre qui résultent de ce phénomène ; 3° les oscillations de l'atmosphère occasionnées par l'action du Soleil et de la Lune.

Dans la première partie, il généralise ses recherches précédentes sur le même sujet, sans s'astreindre à la supposition que le sphéroïde est de révolution, et en supposant même qu'il soit soumis à l'action de forces extérieures, ainsi qu'il arrive pour Saturne, en raison de l'attraction exercée par son anneau. Dans une addition ultérieure, il étend encore ses résultats au cas où l'attraction serait proportionnelle à une puissance quelconque de la distance.

En abordant l'étude des oscillations de la mer et de

l'atmosphère, Laplace critique les recherches de Newton, de D. Bernoulli et de Mac-Laurin à ce sujet, c'est-à-dire la théorie statique des marées, fondée sur l'hypothèse que la mer prend à chaque instant la figure où elle serait en équilibre sous l'action de l'astre qui l'attire ; il rappelle qu'Euler, s'élevant au-dessus de cette hypothèse, a essayé de soumettre au calcul les oscillations de la mer ; mais la théorie du mouvement des fluides, à laquelle ce géomètre a tant contribué lui-même, n'était pas encore connue ; enfin, il cite avec les plus grande éloges les recherches de d'Alembert sur la cause des vents, et il en montre aussi l'insuffisance : nous avons rapporté précédemment en détail l'histoire de ces quelques phrases.

Dans l'impossibilité où nous sommes de donner ici une idée exacte de l'analyse de Laplace, nous ne pouvons mieux faire que de transcrire le résumé qu'il a donné lui-même de son mémoire au livre XIII de la *Mécanique céleste,* en tenant compte de quelques recherches complémentaires ultérieures : [Le mouvement des fluides qui recouvrent les planètes était donc un sujet presque entièrement neuf, lorsque j'entrepris, en 1774, de le traiter. Aidé par les découvertes que l'on venait de faire sur le calcul aux différences partielles et sur la théorie du mouvement des fluides, découvertes auxquelles d'Alembert eut beaucoup de part, je publiai les équations différentielles du mouvement des fluides qui recouvrent la Terre quand ils sont attirés par le Soleil et la Lune. J'appliquai d'abord ces équations au problème que d'Alembert avait tenté inutilement de résoudre, celui des oscillations d'un fluide qui recouvrirait la Terre supposée sphérique et sans rotation, en considérant l'astre attirant en mouvement autour de cette planète. Je donnai la solution générale de ce problème, quelle que soit la densité du fluide et son état initial, en supposant même que chaque molécule fluide éprouve une résistance proportionnelle à sa vitesse, ce qui me fit voir que les conditions primitives du mouvement sont anéanties à la longue par le frottement et par la petite viscosité du fluide. Mais l'inspection des équations différentielles me fit bientôt reconnaître la nécessité d'avoir égard au mouvement de rotation de la Terre. Je considérai donc ce mouvement et je m'attachai spécialement à déterminer les oscillations du fluide indépendantes de son état initial, les seules qui soient permanentes. Ces oscillations sont de trois espèces. Celles de la première espèce sont indépendantes du mouvement de rotation de la Terre, et leur détermination offre peu de difficultés. Les oscillations dépendantes de la rotation de la Terre, et dont la période est d'environ un jour, forment la seconde espèce. Enfin la troisième espèce est composée des oscillations dont la période est à peu près d'un demi-jour ; elles surpassent considérablement les autres dans nos ports. Je déterminai ces diverses oscillations, exactement dans le cas où cela se peut, et par des approximations très convergentes dans les autres cas. L'excès de deux pleines mers consécutives l'une sur l'autre, dans les solstices, dépend des oscillations de la seconde espèce. Cet excès, très peu sensible à Brest, y serait fort grand suivant la théorie de Newton. Ce grand géomètre et ses successeurs attribuaient cette différence entre leurs formules et les observations à l'inertie des eaux de l'Océan. Mais l'analyse me fit voir qu'elle dépend de la loi de profondeur de la mer. Je cherchai donc la loi qui rendrait nul cet excès, et je trouvai que la profondeur de la mer devait être pour cela constante. En supposant ensuite la figure de la Terre elliptique, ce qui donne pareillement à la mer une figure elliptique d'équilibre, je donnai l'expression générale des inégalités de la seconde espèce, et j'en conclus cette proposition remarquable, savoir, que les mouvements de l'axe terrestre sont les mêmes que si la mer formait une masse solide avec la Terre, ce qui était contraire à l'opinion des géomètres et spécialement de d'Alembert.... Mon analyse me fit encore reconnaître la condition générale de la stabilité de l'équilibre de la mer. Les géomètres, en considérant l'équilibre d'un fluide placé sur un sphéroïde elliptique, avaient remarqué que, en aplatissant un peu sa figure, il ne tendait à revenir à son premier état que dans le cas où le rapport de sa densité à celle du sphéroïde serait au-dessous de $\frac{5}{3}$, et ils avaient fait de cette condition celle de la stabilité de l'équilibre du fluide. Mais il ne suffit pas, dans cette recherche, de considérer un état de repos du fluide très voisin de l'état d'équilibre : il faut supposer à ce fluide un mouvement initial quelconque très petit et déterminer la condition nécessaire pour que le mouvement reste toujours contenu dans d'étroites limites. En envisageant ce problème sous ce point de vue général, je trouvai que, si la densité moyenne de la Terre surpasse celle de la mer, ce fluide, dérangé par des causes quelconques de son état d'équilibre, ne s'en écartera jamais que de quantités très petites, mais que les écarts pourraient être fort grands si cette condition n'était pas remplie. Enfin je déterminai les oscillations de l'atmosphère sur l'Océan qu'elle recouvre, et je trouvai que les attractions du Soleil et de la Lune ne peuvent produire le mouvement constant d'orient en occident que l'on observe sous le nom de vents alizés. Les oscillations de l'atmosphère produisent dans la hauteur du baromètre de petites oscillations dont l'étendue à l'équateur est d'un demi-millimètre et qui méritent l'attention des observateurs.]

Le mémoire se termine par une note sur les ondes, dont Laplace étudie la nature et la propagation dans un canal infiniment étroit, d'une longueur indéfinie, et dont la profondeur et la largeur sont constantes.

Dans un court *Mémoire sur la précession des équinoxes* (M. A. S. P., 1777-80), Laplace revient sur le théorème qu'il a démontré précédemment à propos de l'influence de la mer sur la précession et la nutation, et, grâce à des considérations qui dérivent du principe des aires, l'étend au cas de la nature, dans lequel la figure de la Terre et la profondeur de la mer sont très irrégulières, et les oscillations des eaux sont altérées par un grand nombre d'obstacles. Toutefois il laisse en suspens la question de savoir si les pôles ne peuvent pas être transportés, après un temps considérable, dans d'autres régions.

Dans la seconde partie de l'ouvrage sur la *Théorie du mouvement et de la figure elliptique des planètes*, Laplace traite d'abord de l'attraction des ellipsoïdes homogènes quelconques sur un point, et en donne pour la première fois une théorie complète. Il considère les composantes de l'attraction comme les dérivées partielles d'une même fonction, et les met, quand le point attiré est intérieur, sous la forme d'intégrales définies elliptiques, qu'il est impossible en général d'exprimer par des fonctions finies de quantités algébriques, d'arcs de cercle et de logarithmes : il dit à ce sujet, et il le répétera plusieurs fois, qu'il s'en est assuré, sans jamais expliquer comment. Précédemment, d'Alembert, au moment même où il allait obtenir ces intégrales, s'était arrêté, retenu par on ne sait quelles considérations qui les lui faisaient rejeter comme inadmissibles : c'est une de ses plus inexplicables méprises.

Laplace démontre ici dans toute sa généralité le théorème fondamental qui doit légitimement porter son nom, relatif aux attractions de deux ellipsoïdes homofocaux sur un même point extérieur, qui sont simplement proportionnelles aux masses attirantes. Ce théorème avait été trouvé d'abord par Mac-Laurin dans un cas très particulier, puis étendu successivement par d'Alembert, Lagrange et Legendre ; mais c'est Laplace qui est parvenu le premier à lui donner toute sa généralité, par une méthode communiquée à l'Académie le 24 mai 1783. Son analyse est d'ailleurs peu simple, fondée sur les développements en séries, et sur les relations que l'on peut établir entre les composantes de l'attraction et leurs dérivées partielles tant par rapport aux axes de l'ellipsoïde que par rapport aux coordonnées du point attiré. Plus tard, il la simplifiera légèrement, et il dira lui-même qu'Ivory est parvenu au même résultat par une transformation très heureuse des coordonnées, sans recourir aux séries.

Laplace montre ensuite que si [l'on imagine une masse fluide homogène tournant autour d'un axe quelconque, et dont toutes les parties s'attirent réciproquement, et sont attirées par tant de corps que l'on voudra placés au loin dans l'espace, il est possible de lui donner la figure d'un ellipsoïde tel qu'elle soit en équilibre autour de son centre de gravité en vertu de toutes les forces qui l'animent, pourvu cependant qu'elles n'excèdent pas certaines limites.] Ceci suppose implicitement que les corps attirants participent au mouvement du fluide ; c'est ce qui arrive dans le cas de la Lune attirée par la Terre, et Laplace étudie en effet ce cas.

Il discute encore le problème de la détermination des ellipsoïdes de Mac-Laurin qui répondent à une durée de rotation donnée : d'Alembert avait déjà montré qu'il y en avait plusieurs, mais sans en déterminer le nombre ; Laplace prouve que ce nombre se réduit à deux, si toutefois le temps de la rotation est supérieur à une certaine limite ; il avait fait part de sa démonstration à d'Alembert au mois de juillet 1778, et celui-ci dit quelque part que cette démonstration assez simple lui en a fait trouver une très simple presque sans aucun calcul, qui à la vérité est inexacte.

Mais le véritable problème à résoudre consiste à déterminer la figure d'équilibre que doit prendre la masse fluide lorsque, ses molécules ayant été primitivement animées de forces quelconques, elles parviennent à la longue, par leur frottement mutuel et par leur ténacité, à un état fixe d'équilibre ; dans ces conditions, c'est le moment de rotation que l'on doit alors considérer comme donné, ainsi que le montre l'application du principe des aires, et alors, il y a toujours une figure d'équilibre et une seule, sous la forme d'un ellipsoïde de révolution aplati.

L'ouvrage se termine par le rappel des recherches antérieures de Laplace sur la loi de la pesanteur à la surface d'une figure d'équilibre quelconque voisine de la sphère, l'attraction étant proportionnelle à une puissance quelconque de la distance ; et enfin par la détermination des lois d'attraction qui permettent de remplacer l'action d'une sphère homogène par celle de sa masse réunie en son centre.

Le mémoire sur la *Théorie des attractions des sphéroïdes et de la figure des planètes* (M. A. S. P., 1782-85) est d'une importance capitale. Dans une première section, l'auteur reprend la théorie de l'attraction des ellipsoïdes d'une façon plus directe et plus simple. La seconde section est consacrée au développement en série des attractions des sphéroïdes quelconques : c'est ici qu'apparaît pour la première fois la célèbre *équation de Laplace* vérifiée par le potentiel V, mais avec les coordonnées polaires comme variables indépendantes : [J'ai observé... que les intégrales des équations linéaires aux différences partielles du second ordre n'étaient souvent possibles qu'au moyen d'intégrales définies, semblables à l'expression de V ; ainsi, lorsqu'on a de semblables intégrales, il est facile, dans un grand nombre de cas, d'en tirer des équations aux différences partielles, dont la considération peut fournir des remarques intéressantes, et faciliter la réduction des intégrales en séries.] Laplace suppose implicitement que le point attiré est extérieur aux masses attirantes ; on sait que c'est Poisson qui a indiqué le premier comment l'équation doit être corrigée dans le cas contraire.

En introduisant alors les fonctions Y_n de deux angles qui portent son nom, Laplace développe aisément en série l'expression générale du potentiel d'attraction relatif à un sphéroïde quelconque homogène, le point attiré étant extérieur ou intérieur. Dans la troisième section, il montre comment les résultats se simplifient pour les sphéroïdes très peu différents de la sphère, et donne une théorie complète de leurs attractions, en les supposant même hétérogènes. A cet effet, il use d'une relation différentielle du premier ordre remarquable, que vérifie encore le potentiel lorsque le point attiré est à la surface du sphéroïde, et qu'il a d'ailleurs déjà considérée dès ses premières recherches sur l'attraction ; il suffit alors, pour avoir l'expression du potentiel en série, de connaître le développement suivant les fonctions Y_n de la fonction qui définit la figure des différentes couches dont se compose le sphéroïde, et Laplace donne une première règle à ce sujet, applicable toutes les fois que l'équation de la surface est finie et rationnelle.

La quatrième section est consacrée à la théorie de la

figure des planètes et de la loi de pesanteur à leur surface : c'est un simple corollaire de ce qui précède, en y ajoutant le théorème relatif à l'orthogonalité des fonctions Y_n. Si la planète est homogène, elle ne peut être en équilibre que d'une seule manière, quelles que soient les forces qui l'animent, et par suite, si ces forces se réduisent à la force centrifuge, il n'y a pas d'autre figure d'équilibre que l'ellipsoïde aplati de révolution : il ne faut pas oublier qu'il s'agit ici de surfaces très voisines de la sphère. Laplace arrive ainsi à la solution si longtemps poursuivie d'une importante question : mais afin de prévenir toute objection, il démontre encore ce résultat *a priori*, indépendamment des suites, et fait voir en même temps que, dans un grand nombre de cas, un fluide qui recouvre une sphère est susceptible de plusieurs états d'équilibre. Si la planète est hétérogène, sa figure et la pesanteur à sa surface dépendent de la forme des couches et de la loi de leur densité ; mais on peut parvenir à une relation entre ces deux quantités, indépendante de la constitution intérieure du sphéroïde.

Dans la cinquième et dernière section, Laplace reprend la question des oscillations d'un fluide de peu de profondeur qui recouvre une sphère pour déterminer les conditions, indiquées précédemment, qui donnent un équilibre ferme : ce n'est que grâce au perfectionnement actuel de la théorie des attractions des sphéroïdes qu'il est conduit maintenant à la solution complète du problème.

Nous avons dit au chapitre II comment les travaux de Legendre ont pu inspirer en partie le travail que nous venons d'analyser.

Dans un *Mémoire sur la figure de la Terre* (M. A. S. P., 1783-86), Laplace se propose d'exposer ce que les observations et la théorie nous apprennent sur la constitution de la Terre, et de déterminer aussi exactement qu'il est possible la figure que l'on doit supposer à cette planète dans le calcul des principaux phénomènes qui en dépendent, tels que la variation de la pesanteur de l'équateur aux pôles, les parallaxes, les éclipses, la précession des équinoxes et la nutation de l'axe terrestre.] Il est conduit au résultat suivant : l'hypothèse que la terre est un ellipsoïde de révolution [est fort approchée relativement aux rayons terrestres ; elle l'est un peu moins relativement à leurs premières différences ; cependant l'erreur est presque insensible ; mais leurs secondes différences (qui grandissent par la différentiation) s'écartent sensiblement de celles qui résultent de cette hypothèse, et c'est la raison pour laquelle les degrés du méridien s'éloignent de la loi du carré du sinus de la latitude.] De plus, l'étude des phénomènes indique une diminution dans la densité des couches terrestres depuis le centre jusqu'à la surface, [sans nous instruire cependant de la véritable loi de cette diminution.]

Il faut rappeler que les mesures des degrés du méridien alors connues étaient en réalité fort sujettes à caution ; (le degré de Laponie, en particulier, ne devait être corrigé que plus tard par Swanberg) ; Laplace en discute quatre, et pour en déduire l'aplatissement terrestre, les combine de façon que la valeur absolue de la plus grande erreur soit minima ; on n'avait encore en effet aucune règle précise au sujet de la combinaison des observations. On voit que cette méthode, sur laquelle Laplace reviendra plusieurs fois et assez longuement plus tard, consiste à rendre minima la somme des puissances n^{emes} des erreurs, en supposant l'exposant n pair et très grand.

Laplace a été sans doute occupé pendant longtemps de son *Mémoire sur la théorie de l'anneau de Saturne* (M.A.S.P.,

1787-89), puisqu'il écrivait à Lagrange le 21 mars 1781 : [Je travaille présentement à la théorie de l'anneau de Saturne ; mais je ne puis prévoir encore le résultat de mon travail.] Personne n'avait encore entrepris de déterminer la figure de l'anneau d'après la théorie de la pesanteur universelle, l'explication donnée par Maupertuis, en dehors de cette loi, ne pouvant être regardée que comme une hypothèse ingénieuse. Laplace suppose qu'une couche infiniment mince de fluide répandue sur la surface de l'anneau, y resterait en équilibre en vertu des forces dont elle serait animée, et il conclut que les différents anneaux sont des solides irréguliers d'une largeur inégale dans les divers points de leur circonférence, en sorte que leurs centres de gravité ne coïncident pas avec leurs centres de figure, sans quoi leur équilibre serait instable, et ils finiraient par se joindre à la planète.

C'est dans ce mémoire que l'on voit pour la première fois l'équation du potentiel sous la forme si simple qui correspond à l'emploi des coordonnées rectangulaires.

Dans le *Mémoire sur quelques points du système du monde* (M. A. S. P., 1789-an II), que nous avons déjà rencontré, Laplace reprend la discussion des mesures des degrés du méridien et de la longueur du pendule à secondes, pour examiner si l'on peut, sans faire trop de violence aux observations, concilier ces mesures avec une figure elliptique. Il discute cette fois neuf longueurs du degré du méridien, et développe d'abord la méthode qu'il a déjà employée pour cet objet ; mais l'ellipse ainsi obtenue [n'est pas celle que les degrés mesurés indiquent avec le plus de vraisemblance. Cette dernière ellipse me paraît devoir remplir les deux conditions suivantes : 1° que la somme des erreurs soit nulle ; 2° que la somme des erreurs prises toutes avec le signe + soit un minimum. M. Boscovich a donné pour cet objet une méthode ingénieuse... ; mais comme il l'a inutilement compliquée de la considération des figures, je vais la présenter ici sous la forme analytique la plus simple.]

Le résultat de la discussion est toujours le même : la figure elliptique s'accorde bien avec les variations de la pesanteur, mais non avec celles des degrés du méridien.

A propos de la figure de la Terre, Laplace fait voir que cette figure ne peut être que celle d'un ellipsoïde de révolution, même si la Terre, ayant été primitivement fluide, est formée de couches de densités variables ; Clairaut a déjà montré que la figure elliptique remplit, dans ce cas, les conditions de l'équilibre : il s'agit de prouver ici qu'elle est la seule qui satisfasse à ces conditions. Legendre s'était déjà occupé de la même question, ainsi que nous l'avons vu.

Enfin Laplace revient encore une fois sur la stabilité de la figure de la mer ; et, puisque les observations récentes faites par Maskelyne en Écosse indiquent que la densité moyenne de la Terre est quatre ou cinq fois supérieure à celle de la mer, on doit en conclure que, si celle-ci a recouvert autrefois des continents aujourd'hui fort élevés au-dessus de son niveau, il faut en chercher la cause ailleurs que dans le défaut de son équilibre.

Le *Mémoire sur le flux et le reflux de la mer* (M. A. S. P., 1790-an V), est consacré à la théorie empirique des marées. Précédemment, Laplace a supposé la mer inondant la Terre entière, et n'éprouvant que de légers obstacles dans ses mouvements ; mais actuellement, il s'agit de tenir compte de toutes les causes qu'on ne peut assujettir au calcul : [la manière dont l'Océan est répandu à la surface de la Terre, l'irrégularité de sa profondeur, la position et la pente des rivages, leurs rapports avec les côtes qui les avoisinent, les courants, les résistances que les eaux de la mer éprouvent.] Le principe directeur sera le suivant : [L'état d'un système de corps dans lequel les conditions primitives du mouvement ont disparu par les résistances que ce mouvement éprouve, est périodique comme les forces qui l'animent.] D'où Laplace conclut [que, si la mer est sollicitée par une force périodique exprimée par le cosinus d'un angle qui croît proportionnellement au temps, il en résulte un flux partiel, exprimé par le cosinus d'un angle croissant de la même manière, mais dont la constante renfermée sous le signe cosinus et le coefficient de ce cosinus peuvent être, en vertu des circonstances accessoires, très différents des mêmes constantes dans l'expression de la force, et ne peuvent être déterminés que par l'observation. L'expression des actions du Soleil et de la Lune sur la mer peut être développée dans une série convergente de pareils cosinus. De là naissent autant de flux partiels qui, par le principe de la coexistence des petites oscillations, s'ajoutent ensemble pour former le flux total que l'on observe dans un port.]

Les observations dont disposait Laplace avaient été faites sur l'invitation de l'Académie des Sciences, au commencement du XVIIIe siècle, dans le port de Brest, pendant six années consécutives, et retrouvées par Cassini dans les papiers de son grand-père. Elles indiquent, par leur frappante régularité, le port de Brest comme l'un des plus favorables aux observations des marées ; [il doit probablement cet avantage à sa position avancée dans la mer, et surtout à ce que sa rade ayant une entrée fort étroite, relativement à son étendue, les oscillations des eaux de la mer sont par là très affaiblies, à peu près comme les oscillations que le mouvement irrégulier d'un vaisseau produit dans le baromètre, sont atténuées par un étranglement fait au tube de cet instrument. D'ailleurs les marées étant considérables à Brest, les variations accidentelles n'en sont qu'une faible partie.]

Notons encore les conseils que donne Laplace au sujet de l'emploi des observations : [... je remarquerai combien il est utile de publier les observations originales ; souvent la théorie mieux connue des phénomènes rend intéressants ceux qui d'abord avaient été négligés comme ayant paru de peu d'importance... Dans ce genre d'observations, où mille causes accidentelles peuvent altérer la marche de la nature, il est nécessaire d'en considérer à la fois un grand nombre, afin que, les effets des causes passagères venant à se compenser les uns par les autres, les résultats moyens ne laissent apercevoir que les phénomènes réguliers ou constants. Il faut encore, par une combinaison avantageuse des observations, faire ressortir les phénomènes que l'on veut déterminer et les séparer des autres, pour les mieux connaître.] C'est en suivant cette méthode que Laplace parvient à la formule qui représente exactement les marées du port de Brest, confirmée par de récentes observations, faites à sa prière, vers les syzygies de l'équinoxe du printemps de 1790. [On voit, par cet exposé, l'accord de la théorie du flux et du reflux de la mer, fondée sur la loi de la pesanteur, avec les phénomènes des hauteurs et des intervalles des marées. Plusieurs de ces phénomènes m'ont été d'abord indiqués par cette théorie et ont ensuite été confirmés par les observations ; d'autres phénomènes que les observations m'avaient fait connaître, et qui ne me semblaient pas pouvoir dépendre de la théorie, ont résulté de cette même théorie plus approfondie. En général, tous les résultats de la théorie, indépendants des circonstances locales, ont été confirmés par les observations ; et, lorsque ces circonstances ont modifié les résultats de la théorie, j'ai retrouvé le même accord, en y ayant égard.]

Dans un nouveau *Mémoire sur la figure de la Terre* (M. A. S., II, 1817-19), publié bien longtemps après les précédents, Laplace étudie la Terre telle qu'elle se présente dans la réalité, c'est-à-dire qu'il abandonne l'hypothèse d'une inondation générale pour tenir compte de ce que l'Océan laisse à découvert une partie du sphéroïde terrestre. La comparaison de son analyse aux expériences du pendule, aux mesures des degrés et aux observations lunaires, le conduit à ces résultats :

1° la densité des couches du sphéroïde terrestre croît de la surface au centre ; 2° ces couches sont à très peu près régulièrement disposées autour de son centre de gravité ; 3° la surface de ce sphéroïde, dont la mer recouvre une partie, a une figure peu différente de celle qu'elle prendrait en vertu des lois de l'équilibre, si, la mer cessant de la recouvrir, elle devenait fluide ; 4° la profondeur de la mer est une petite fraction de la différence des deux axes de la Terre ; 5° les irrégularités de la Terre et les causes qui troublent sa surface ont peu de profondeur ; 6° enfin, la Terre entière a été primitivement fluide.

Et il ajoute : [Ces résultats de l'analyse, des observations et des expériences me semblent devoir être placés dans le petit nombre des vérités que nous offre la géologie.]

On peut signaler dans ce mémoire l'expression asymptotique des polynômes de Legendre d'ordre élevé, et une répétition de la démonstration de la *Mécanique céleste* au sujet de la relation différentielle vérifiée par le potentiel à la surface d'un sphéroïde ; c'est qu'en effet [quelques géomètres, ne l'ayant pas bien saisie, l'avaient jugée inexacte] ; on peut supposer qu'il s'agit ici d'Ivory.

Dans une courte addition au mémoire précédent (M. A. S., III, 1818-20), Laplace est amené par une remarque due à Young, à supposer que l'accroissement de densité des couches du sphéroïde terrestre tient à leur compression, de sorte que la Terre, hétérogène dans le sens mathématique, pourrait être homogène dans le sens chimique ; il trouve qu'il serait possible de satisfaire ainsi à tous les phénomènes connus dépendant de la loi de densité de ces couches, mais il est bien loin d'affirmer que ce cas soit celui de la nature. Il développe son analyse en supposant que la pression varie comme le carré de la densité, ce qui le conduit pour celle-ci à une loi déjà étudiée par Legendre.

Il montre encore qu'en vertu du principe des aires, et de la constance de la durée du jour depuis Hipparque, démontrée par la comparaison des observations avec la théorie de l'équation séculaire de la Lune, la variation de la chaleur intérieure de la Terre depuis cette époque est insensible. «C'était, dit Arago, renverser d'un trait de plume les théories cosmogoniques si longtemps à la mode de Buffon et de Bailly, d'après lesquelles la Terre marchait à une congélation inévitable et prochaine. »

Laplace conclut : [Si, dans la suite des temps, on observe quelques changements dans la hauteur moyenne du thermomètre placé au fond des caves de l'Observatoire, il faudra l'attribuer, non à une variation dans la température moyenne de la Terre, mais à un changement dans le climat de Paris, dont la température peut varier par beaucoup de causes accidentelles. Il est remarquable que la découverte de la vraie cause de l'équation séculaire de la Lune nous fasse connaître en même temps l'invariabilité du jour et celle de la température de la Terre, depuis les plus anciennes observations.]

En reprenant les sujets précédents au livre XI de la *Mécanique céleste*, avec de plus amples développements analytiques, Laplace montre encore en particulier que toute hypothèse fondée sur un déplacement considérable des pôles à la surface de la Terre doit être rejetée comme incompatible avec la propriété du sphéroïde terrestre d'avoir une figure peu différente de celle que prendrait sa surface en devenant fluide. [On avait imaginé ce déplacement pour expliquer l'existence des éléphants dont on trouve les ossement fossiles en si grande abondance dans les climats du nord, où les éléphants actuels ne pourraient pas vivre. Mais un éléphant que l'on suppose avec vraisemblance contemporain du dernier cataclysme, et que l'on a trouvé dans une masse de glace, bien conservé avec ses chairs, et dont la peau était recouverte d'une grande quantité de poils, a prouvé que cette espèce d'éléphants était garantie par ce moyen du froid des climats septentrionaux, qu'elle pouvait habiter et même rechercher. La découverte de cet animal a donc confirmé ce que la théorie mathématique de la Terre nous apprend...]

Le dernier travail contenu dans les recueils de l'Académie des Sciences que nous devions analyser dans ce Chapitre, est un nouveau *Mémoire sur le flux et le reflux de la mer* (M. A. S., III, 1818-20), reproduit avec de notables augmentations au livre XIII de la *Mécanique céleste*. Frappé de la régularité que présentent les observations des marées à Brest, Laplace avait prié le gouvernement qu'on y fît une nouvelle suite de ces observations, pendant une période entière du mouvement des nœuds de l'orbe lunaire ; ces observations, commencées le 1er juin 1806, laissent encore à désirer :... [il est temps enfin d'observer ce genre de phénomènes avec autant de soin que les phénomènes astronomiques.]

Analysant ces nouvelles observations, avec l'aide de Bouvard pour les calculs, Laplace perfectionne sa théorie et parvient à des formules encore plus exactes pour la représentation des marées à Brest. Un point important est l'application qu'il fait ici du calcul des probabilités aux lois de la variation des hauteurs et des intervalles des marées aux époques des syzygies et quadratures, et à l'influence qu'exercent à leur égard les déclinaisons des astres. [Les recherches précédentes m'offraient une occasion trop favorable d'appliquer à l'un des grands phénomènes de la nature les nouvelles formules auxquelles je suis parvenu dans ma théorie analytique des probabilités pour ne pas la saisir.] Et pour montrer l'utilité de cette application, il rappelle les erreurs dans lesquelles sont tombés plusieurs savants, et spécialement Lalande, pour s'être attachés à quelques observations partielles, et n'avoir pas soumis au calcul des probabilités l'ensemble des observations.

Parmi les nombreuses notes insérées dans la *Connaissance des Temps*, nous pouvons nous contenter de signaler en terminant les suivantes :

1° *sur la longueur du pendule à secondes* (dans le volume pour 1820) ; Laplace y analyse avec une grande exactitude toutes les causes d'erreur qui peuvent se rencontrer dans l'usage du pendule de Borda, en particulier celle qui provient de l'hypothèse habituelle que le tranchant du couteau est infiniment mince, alors qu'il présente la forme d'un demi-cylindre dont le rayon surpasse un centième de millimètre.

2° *sur la rotation de la Terre* (dans le volume pour 1821). Laplace y utilise la notion du plan du maximum des aires pour développer diverses considérations intéressantes sur la figure de la Terre et l'invariabilité de son axe, la précession, la nutation, le système Terre-Lune, etc.

3° *de l'action de la Lune sur l'atmosphère* (dans le volume pour 1826). Cette note, reproduite au livre XIII de la *Mécanique céleste*, étudie la partie de la variation diurne du baromètre qui est due au flux lunaire, d'après 4752 observations relevées sur les registres de Bouvard, et prises dans le voisinage des syzygies et des quadratures ; l'application du calcul des probabilités montre qu'il faudrait bien plus d'observations pour qu'on puisse affirmer avec une quasi-certitude que les résultats obtenus ne sont pas dus à de simples causes fortuites.

4° *Mémoire sur le flux et le reflux lunaire atmosphérique* (dans le volume pour 1830, publié en 1827). Cette note, la dernière peut-être qui soit sortie de la plume de Laplace, est consacrée surtout à des applications du calcul des probabilités à différents phénomènes constatés dans la variation diurne du baromètre.

CHAPITRE IV

LES TRAVAUX DE LAPLACE SUR LA THÉORIE DES PROBABILITÉS

Sous ce titre, nous réunirons non-seulement les travaux relatifs à la théorie des probabilités proprement dite, mais aussi tous ceux relatifs aux théories connexes, telles que l'intégration des équations aux différences finies, l'approximation des fonctions de grands nombres, etc.

Le premier mémoire de Laplace sur ces sujets, et peut-être le premier de tous ses travaux imprimés, se trouve dans les *Mélanges de la Société royale de Turin* (tome IV, pour 1766-1769) ; il est intitulé *Recherches sur le calcul intégral aux différences infiniment petites et aux différences finies*, et l'auteur dit l'avoir écrit au mois de mars 1771. Il semble que ce soit l'un des nombreux mémoires qu'il avait présentés à l'Académie de Paris, bien avant d'y être admis. C'est une contribution aux recherches de Lagrange, de d'Alembert et de Condorcet sur la façon d'intégrer les équations linéaires aux différences finies ou infiniment petites, lorsqu'on sait déjà résoudre le même problème quand elles sont réduites à la forme homogène : ce n'est que quelques années plus tard que Lagrange devait donner la solution définitive de cette question qui occupait beaucoup les géomètres d'alors.

Laplace avait attiré l'attention de Condorcet sur les principaux résultats de son travail dans une lettre du 3 décembre 1771 ; il les reproduit à la fin de son *Mémoire sur les suites récurro-récurrentes et sur leurs usages dans la théorie des hasards* (M. A. S. P., savants étrangers, VI, 1774), le premier de tous ceux publiés sous son nom dans les recueils académiques de Paris : nous le retrouverons bientôt plus développé.

Le *Mémoire sur la probabilité des causes par les événements* (M. A. S. P., Savants étrangers, VI, 1774) est d'un intérêt extrême, car on y trouve déjà un grand nombre des idées auxquelles Laplace restera par la suite constamment attaché. Il se propose [de déterminer la probabilité des causes par les événements, matière neuve à bien des égards, et qui mérite d'autant plus d'être cultivée que c'est principalement sous ce point de vue que la science des hasards peut être utile dans la vie civile.] Après avoir rappelé que [la théorie des hasards est une des parties les plus curieuses et les plus délicates de l'analyse, par la finesse des combinaisons qu'elle exige et par la difficulté de les soumettre au calcul], il déclare que [l'incertitude des connaissances humaines porte sur les événements ou sur les causes des événements] ; les problèmes qui dépendent de la théorie des hasards se ramènent donc à deux classes, suivant que la cause est connue ou inconnue, l'événement étant lui-même inconnu ou connu. Laplace énonce alors pour la première fois d'une façon précise et définitive la règle déjà entrevue par Bayes en 1763, et connue généralement sous ce nom, principe d'une fécondité admirable, qui, suivant l'expression de Gouraud, « rendit dès lors possible au Calcul des probabilités cette conquête du monde social et politique que Bernoulli mourant lui avait si hardiment promise. »

Il faut rappeler cette règle : Si un événement peut être produit par un certain nombre de causes C_n différentes ayant chacune une probabilité propre *a priori* π_n, et si de plus la probabilité de l'événement prise de la cause C_n est p_n, les probabilités de l'existence de ces causes, prises de l'événement, sont entre elles comme les produits $p_n\,\pi_n$. On peut ainsi apprécier l'influence sur les événements futurs des événements passés, qui, en se développant, nous découvrent les causes qui les ont produits. Mais les résultats dépendent des probabilités *a priori* π_n, dont la juste appréciation est difficile, et souvent impossible : c'est ce qui rend si précaires tant d'applications du calcul des probabilités à des problèmes mal posés, et en réalité insolubles.

Par exemple, Laplace résout ici le problème suivant : une urne renferme une infinité de billets blancs et noirs, dans un rapport inconnu ; on en tire $p+q$ billets, dont p blancs et q noirs ; on demande la probabilité qu'en tirant un nouveau billet de cette urne, il sera blanc.

Si l'on regarde comme également probables toutes les valeurs comprises entre 0 et 1 du rapport x du nombre des billets blancs contenus dans l'urne au nombre total des billets, on a sans peine $\frac{p+1}{p+q+2}$ pour la probabilité cherchée. Faut-il en conclure avec Condorcet et Laplace lui-même, en un passage de l'Introduction à la *Théorie analytique*, qu'il y a $p+1$ contre un à parier que le soleil se lèvera demain, si l'on sait qu'il s'est levé p jours de suite sans manquer ? Cette idée soulève l'indignation de J. Bertrand, et en effet, l'assimilation au problème précédent est inadmissible : on ne peut supposer ici que toutes les valeurs de x sont également probables. C'est ce que dit d'ailleurs Laplace, mais trop timidement : [Mais ce nombre est incomparablement plus fort pour celui qui, connaissant par l'ensemble des phénomènes, le principe régulateur des jours et des saisons, voit que rien, dans le moment actuel, ne peut en arrêter le cours.] Il serait facile au surplus d'opposer à la solution précédente une autre théorie fondée sur les mêmes principes avec aussi peu de raison, celle de la probabilité des témoignages ; car si p est grand, on ne peut être assuré que le soleil s'est toujours levé que d'après des témoignages, et la dégradation de la probabilité du fait devient alors considérable.

Reprenant le problème précédent, Laplace démontre que si les nombres p et q sont suffisamment grands, la probabilité que le rapport x défini ci-dessus est compris entre les deux limites $\frac{p}{p+q} \mp \omega$, approche autant qu'on le veut de la certitude, ω étant infiniment petit ; et il donne même, sous certaines conditions pour ω, une expression approchée de l'erreur que l'on commet en supposant cette probabilité égale à l'unité : c'est l'inversion du célèbre théorème de Jacques Bernoulli. Laplace qualifie sa démonstration d'assez singulière, et l'on peut y trouver le germe de sa théorie de l'approximation des formules qui dépendent de très grands nombres, en particulier une première détermination peu simple de l'intégrale de la fonction $e^{-t^2}dt$, prise entre des limites infinies. (Ici, comme dans la suite, e désigne la base des logarithmes naturels).

Laplace applique encore son principe à la résolution du fameux *problème des partis*, lorsque les adresses respectives des joueurs sont inconnues, mais que l'on sait combien de fois a déjà gagné chacun d'eux. Rappelons quel est ce problème, proposé sous sa forme la plus simple en 1654 par le chevalier de Méré à Pascal, puis par celui-ci à Fermat, et dont l'étude par ces deux illustres géomètres est l'origine du calcul des probabilités : deux joueurs, dont les adresses sont égales, ont mis au jeu la même somme, et doivent jouer jusqu'à ce que l'un d'eux ait gagné un nombre de fois donné n son adversaire ; mais ils conviennent de quitter le jeu alors qu'ils n'ont encore gagné respectivement que $n - x$ et $n - x'$ parties ; on demande de quelle manière ils doivent partager la somme mise au jeu.

Laplace montre encore comment on peut appliquer les mêmes principes à la détermination du milieu qu'on doit adopter entre plusieurs observations données d'un même phénomène. En possession de sa méthode depuis déjà quelque temps, il se décide à la publier parce qu'il a appris que D. Bernoulli et Lagrange viennent de s'occuper du même problème, et qu'il est [persuadé que les différentes manières dont on peut l'envisager produiront une méthode moins hypothétique et plus sûre.]

Le procédé proposé ici par Laplace est pratiquement sans usage, il le reconnaît lui-même ; mais dès maintenant, il énonce les principes sur lesquels il ne cessera de s'appuyer quand il reviendra plus tard sur la question : il faut les indiquer en quelques mots.

Si la fonction positive $\varphi(x)$ définit la loi de facilité ou de probabilité d'une erreur x dans une observation, c'est-à-dire si $\varphi(x)\, dx$ est la probabilité que l'erreur est comprise entre x et $x + dx$, envisageons la courbe d'équation $y = \varphi(x)$, ou courbe de probabilité des erreurs, rapportée à deux axes rectangulaires Ox, Oy : cette courbe doit être symétrique par rapport à Oy, admettre Ox pour asymptote, et son aire entière est l'unité.

Supposons que l'on ait fait trois observations, a, b, c, par exemple, d'une variable x, que nous imaginerons être l'instant d'un phénomène, et que la vraie valeur soit x ; la probabilité pour qu'il en soit ainsi est proportionnelle à $f(x) = \varphi(x - a)\, \varphi(x - b)\, \varphi(x - c)$. Considérons alors la courbe d'équation $y = f(x)$: par le milieu que l'on doit choisir entre plusieurs observations, on peut entendre deux choses : 1° l'instant tel qu'il soit également probable que le véritable instant du phénomène tombe avant ou après ; 2° l'instant tel qu'en le prenant pour milieu, la somme des erreurs à craindre, prises en valeur absolue et multipliées par leurs probabilités respectives, soit un minimum.

Cette seconde conception revient à considérer toute erreur, positive ou négative, comme un désavantage ou une perte réelle à un jeu quelconque, et à rendre minima la *valeur moyenne* ou *probable* de ce désavantage.

Mais les deux instants ainsi déterminés ne sont pas différents en réalité, de sorte que la valeur de x à adopter est telle que l'ordonnée correspondante partage l'aire de la courbe $y = f(x)$ en deux parties équivalentes. Revenant plus tard sur ce point, Laplace insiste pour affirmer que ce résultat est évidemment indiqué par la théorie des probabilités comme *le plus avantageux*; tandis que des géomètres célèbres (D. Bernoulli, Euler, Gauss) ont pris pour le milieu qu'il faut choisir celui qui rend le résultat observé le plus probable, et par conséquent l'abscisse qui répond à la plus grande ordonnée de la courbe $y = f(x)$.

Si l'on mesurait la perte à laquelle on assimile une erreur par le carré de cette erreur et non plus par sa valeur absolue, ainsi que l'a proposé Gauss beaucoup plus tard, il faudrait adopter pour x la valeur qui correspond au centre de gravité de l'aire totale de la courbe $y = f(x)$.

Toutes ces façons de déterminer x se confondent quand on adopte la loi si simple de Gauss, en prenant pour $\varphi(x)$ la fonction $\frac{m}{\sqrt{\pi}} e^{-m^2x^2}$; mais dans le mémoire actuel, Laplace admet pour cette fonction la forme $\frac{m}{2} e^{-mx}$, quand les valeurs de x sont positives. La valeur la plus avantageuse de x en résulte facilement, si l'on connaît la constante m, en se bornant comme ci-dessus au cas de trois observations ; mais si en outre on regarde m comme inconnue, et que l'on détermine d'abord les probabilités des diverses valeurs de m par la règle de Bayes, on tombe, dans ce cas simple, sur une équation du quinzième degré pour déterminer x : il n'y a donc pas lieu d'insister. Si, par exemple, on a $a<b$ et $b = c$, cette règle donne $x = a + 0{,}860\,(b - a)$, résultat [bien plus conforme aux probabilités, car on sent aisément que ce milieu doit être pris plus près des deux observations qui coïncident que ne le donne la méthode des milieux arithmétiques.] Et c'est sans doute parce que Laplace avait quelque répugnance à admettre cette méthode générale qu'il laisse échapper la loi de Gauss.

En terminant son mémoire, Laplace développe quelques considérations ingénieuses et nouvelles sur l'influence que doivent avoir sur les résultats du calcul des probabilités les inégalités inconnues qui peuvent exister entre des chances que l'on suppose parfaitement égales : c'est un sujet sur lequel il est revenu plusieurs fois, sans rien ajouter d'essentiel à ce qu'il dit ici. Supposons par exemple qu'au jeu de croix ou pile, il existe dans la pièce une inégalité qui fasse paraître une des faces plutôt que l'autre, sans qu'on connaisse la face ainsi favorisée. La chance d'amener croix en un coup reste $\frac{1}{2}$, mais celle d'amener croix deux fois de suite se trouve augmentée. D'une façon générale, l'erreur inconnue, sans influence sur la probabilité des événements simples, modifie celle des événements composés, et l'accroît toujours quand il s'agit d'événements composés de la répétition du même événement simple.

Après avoir traité encore quelques problèmes du même genre, Laplace conclut : [Cette aberration de la théorie ordinaire m'a paru digne de l'attention des géomètres, et il me semble que l'on ne peut trop y avoir égard, lorsqu'on applique le calcul des probabilités aux différents objets de la vie civile.]

En se rappelant ce que nous avons dit plus haut à propos du mémoire *Sur le principe de la gravitation universelle et sur les inégalités séculaires des planètes qui en dépendent*, on voit par l'analyse précédente que nous pouvons répéter que les premiers travaux de Laplace le classent immédiatement au premier rang parmi les géomètres ; de plus, toute son œuvre future y apparaît déjà : elle va se développer et s'épanouir, mais les principes en sont fixés dès le début, et se maintiendront invariables.

Les *Recherches sur l'intégration des équations différentielles aux différences finies et sur leur usage dans la théorie des hasards* (M. A. S. P., Savants étrangers, VII, 1773-76) sont le développement du mémoire sur les suites récurro-récurrentes, c'est-à-dire les séries récurrentes à deux indices. Comme le dit Laplace plus tard, [la méthode la plus générale et la plus directe pour résoudre les questions de probabilités consiste à les faire dépendre d'équations aux différences. En comparant les états successifs de la fonction qui exprime la probabilité lorsqu'on fait croître les variables de leurs différences respectives, la question proposée fournit souvent un rapport très simple entre ces états.] Si par exemple, nous revenons au problème des partis cité plus haut, avec les mêmes notations, on voit que l'enjeu doit être partagé entre les deux joueurs proportionnellement à leurs probabilités respectives de gagner la partie ; si cette probabilité est $y_{x,x'}$ pour le premier joueur, on a évidemment

$$y_{x,x'} = \frac{1}{2} y_{x-1,x'} + \frac{1}{2} y_{x,x'-1},$$

et tout revient à intégrer cette équation aux différences finies partielles, à deux indices.

Le présent mémoire est consacré à l'étude d'un assez grand nombre de telles équations, à un ou deux indices, et à des applications intéressantes : mais les méthodes sont peu simples, et seront remplacées plus tard par celles de la théorie des fonctions génératrices, infiniment supérieures.

Dès maintenant, Laplace expose sa conception déterministe de l'univers et ses idées sur la notion de probabilité telles qu'on les retrouve dans l'Introduction à la *Théorie analytique,* ainsi que nous l'avons vu précédemment. Il définit aussi l'espérance mathématique et la notion fort discutable d'espérance morale proposée par D. Bernoulli ; il prodigue les éloges à son protecteur d'Alembert, qui [a fait sentir l'absurdité qu'il y aurait à se conduire, dans un grand nombre de circonstances, d'après les résultats du calcul des probabilités et par conséquent, la nécessité d'établir dans ces matières une distinction entre le mathématique et le moral ; cette partie des sciences lui devra donc l'avantage d'être appuyée dorénavant sur des principes clairs et d'être resserrée dans ses véritables bornes.] On peut affirmer qu'en réalité Laplace entendait seulement écarter les fausses interprétations des résultats du calcul des probabilités, et les faux raisonnements dans la façon d'obtenir ces résultats, et qu'il était loin de partager toutes les opinions de d'Alembert sur ce sujet.

Il aborde encore bien d'autres points sur lesquels nous ne pouvons insister, et la phrase : [Mon dessein n'étant point ici de donner un traité complet sur la théorie des hasards], nous permet de penser que déjà il avait conçu le projet de son grand ouvrage, qui ne devait voir le jour qu'en 1812.

Arrivons au *Mémoire sur l'inclinaison moyenne des orbites des comètes* (M. A. S. P., Savants étrangers, VII, 1773-76). Laplace y rappelle d'abord que D. Bernoulli a déjà montré qu'on ne pouvait attribuer au hasard le fait que les planètes et leurs satellites tournent tous dans le même sens, dans des orbites peu inclinées à l'écliptique. Quelle est la cause de ce fait ? a-t-elle été particulière à ces astres, ou bien a-t-elle influé sur le mouvement de tous ceux qui tournent autour du Soleil ? [La première de ces questions me semble fort difficile à résoudre, et j'avoue qu'après y avoir longtemps réfléchi, et après avoir examiné avec attention toutes les hypothèses imaginées jusqu'ici pour expliquer ce phénomène, je n'ai rien trouvé de satisfaisant] : il cherchait donc dès maintenant une hypothèse cosmogonique plausible !

Quant à la seconde question, il est facile d'y répondre, en cherchant l'inclinaison moyenne des orbites de toutes les comètes observées, et voyant combien elle s'éloigne de 45° ; en cherchant aussi le rapport du nombre des comètes directes à celui des rétrogrades, et voyant de combien il s'éloigne de l'unité. C'est ce qu'a fait du Séjour, et il a conclu avec raison qu'il n'existe aucune cause qui détermine les comètes à se mouvoir dans un sens plutôt que dans un autre, et à peu près dans le même plan. Pour donner plus de certitude à cette observation, Laplace va chercher la probabilité que l'inclinaison moyenne des comètes et le rapport du nombre des directes aux rétrogrades seront compris entre les limites données ; la solution de la seconde question est immédiate, mais le premier problème paraît être un des [plus compliqués de toute l'analyse des hasards] ; nous devons d'ailleurs faire observer que l'hypothèse de l'égale probabilité de toutes les inclinaisons, dont part ici Laplace, est inadmissible. La solution est extrêmement laborieuse ; plus tard il la simplifiera. On peut se faire une idée du résultat de la façon suivante, en profitant des recherches ultérieures, ainsi que nous le ferons dans tout ce chapitre.

Soient p nombres pris au hasard parmi les suivants :

$$0,\ \alpha,\ 2\alpha,\ \dots\ n\alpha\ ;$$

la probabilité que leur somme sera $s\alpha$ est le coefficient de t^s dans le développement de l'expression

$$\frac{1}{(n+1)^p}(1+t+t^2+\dots+t^n)^p \quad \text{ou} \quad \frac{(1-t^{n+1})^p}{(n+1)^p(1-t)^p}\ ;$$

ce coefficient est aisé à calculer. Faisant ensuite un simple passage à la limite, on trouve pour la probabilité que la somme de p nombres quelconques pris au hasard entre 0 et n soit comprise entre les limites s_1 et s_2 ($s_1 < s_2$) l'expression :

$$\frac{1}{p\,!}\left[\left(\frac{s_2}{n}\right)^p - C_p^1\left(\frac{s_2}{n}-1\right)^p + C_p^2\left(\frac{s_2}{n}-2\right)^p - \dots\right.$$
$$\left. - \left(\frac{s_1}{n}\right)^p + C_p^1\left(\frac{s_1}{n}-1\right)^p - C_p^2\left(\frac{s_1}{n}-2\right)^p + \dots\right],$$

en ne prenant que les termes où la quantité élevée à la puissance p est positive ; dans cette formule, la notation $p\,!$ représente le produit des p premiers nombres entiers, et C_p^q désigne le coefficient de x^q dans le développement de $(1+x)^p$.

La formule ici obtenue par Laplace est analogue, mais moins générale et d'une forme un peu différente. Pour l'appliquer à la nature, il faudrait faire $p = 63$, [nombre des comètes dont on a présentement calculé les orbites ; mais ce calcul serait pénible à cause de sa longueur ; ainsi l'abandonnant à ceux qui désireront de l'entreprendre], Laplace se contente de la considération des douze dernières comètes observées ; il n'est donc pas encore en possession de méthodes d'approximation pour les formules qui dépendent de grands nombres, mais, sans doute, il y pense déjà.

Dans le *Mémoire sur les probabilités* (M. A. S. P., 1778-81), Laplace reprend d'une manière plus approfondie les problèmes qu'il a déjà examinés ; il va traiter deux points : [le premier a pour objet de calculer la probabilité des événements composés d'événements simples dont on ignore les possibilités respectives ; l'objet du second est l'influence des événements passés sur la probabilité des événements futurs, et la loi suivant laquelle, en se développant, ils nous font connaître les causes qui les ont produits. Ces deux objets, qui ont beaucoup d'analogie entre eux, tiennent à une métaphysique très délicate, et la solution des problèmes qui leur sont relatifs exige des artifices nouveaux d'analyse ; ils forment une nouvelle branche de la théorie des probabilités, dont l'usage est indispensable lorsqu'on veut appliquer cette théorie à la vie civile... La principale difficulté que l'on rencontre dans ces recherches tient à l'intégration de certaines fonctions différentielles qui ont pour facteurs des quantités élevées à de très grandes puissances, et dont il faut avoir les intégrales approchées par des suites convergentes.] C'est donc à ce mémoire qu'il faut faire remonter la méthode d'approximation des formules dépendant de très grands nombres, qui constitue l'une des plus belles découvertes de Laplace.

Ce mémoire est d'une lecture difficile ; on y rencontre bien des obscurités, des points discutables et même des inexactitudes. Parmi les nouveaux sujets traités, on peut signaler les suivants.

Laplace donne une règle générale peu simple pour calculer la valeur moyenne ou probable d'une fonction d'un nombre quelconque de variables positives dont la somme est donnée, ainsi que la loi de possibilité ; et c'est ainsi qu'il trouve la formule donnée plus haut à propos de l'inclinaison moyenne des orbites des comètes. Il résout aussi par la même méthode le problème suivant : on a $p+1$ nombres assujettis aux conditions $y_0 \geqslant y_1 \geqslant y_2 \geqslant y_3 \ldots \geqslant y_p \geqslant 0$, et dont la somme est s ; on demande la valeur moyenne de y_q, c'est-à-dire le quotient des deux intégrales d'éléments différentiels respectifs $y_q\, dy_1\, dy_2 \ldots$ et $dy_1\, dy_2 \ldots$, étendues au domaine des valeurs $y_1, y_2, \ldots y_p$ vérifiant les conditions données. On trouve aisément la valeur cherchée égale à $\frac{s}{p+1}\left(\frac{1}{q+1} + \ldots + \frac{1}{p} + \frac{1}{p+1}\right)$, et l'on en déduit par un passage à la limite convenable, que la loi de probabilité d'une erreur x, inférieure en valeur absolue à a, doit être prise égale à $\frac{1}{2a} \log \frac{a}{x'}$ (le logarithme étant népérien), si l'on ne sait rien d'autre sur cette loi, que la facilité de x diminue quand sa valeur absolue x' augmente.

Ce résultat, inadmissible en vérité, ne permet pas d'accepter sans défiance quelques-unes des conclusions de Laplace, tirées de considérations analogues ; lui-même convient seulement que les difficultés inévitables de l'analyse rendront d'un très difficile usage la méthode fondée sur cette loi, qui pourra cependant être employée dans des occasions très délicates, lorsqu'il est nécessaire d'obtenir la plus grande précision.

Au livre II de la *Théorie analytique*, Laplace applique la solution du problème précédent à une question toute différente, relative aux choix des assemblées : [Supposons qu'un effet observé n'ait pu être produit que par l'une des $p + 1$ causes, A, B, C, ..., et qu'une personne, après avoir apprécié leurs probabilités respectives, écrive sur un billet les lettres qui indiquent ces causes, dans l'ordre des probabilités (décroissantes) qu'elle leur attribue. On aura, par la formule précédente, la valeur moyenne des probabilités qu'elle peut supposer à chacune des causes, en faisant $s = 1$... De là, il suit que si un tribunal est appelé à décider sur cet objet, et que chaque membre exprime son opinion par un billet semblable au précédent, alors, en écrivant sur chaque billet, à côté des lettres qui indiquent les causes, les valeurs moyennes qui répondent au rang qu'elles occupent sur le billet, en faisant ensuite une somme de toutes les valeurs qui correspondent à chaque cause sur les divers billets, la cause à laquelle répondra la plus grande somme sera celle que le tribunal jugera la plus probable.]

Il faut plaindre les secrétaires qui auraient à dépouiller de tels scrutins ! Comme nous l'avons déjà dit à la fin du Chapitre II, [cette règle n'est point applicable au choix des assemblées électorales, parce que les électeurs ne sont point astreints, comme les juges, à répartir une même somme prise pour unité sur les divers partis entre lesquels ils doivent se déterminer ; ils peuvent supposer à chaque candidat toutes les nuances de mérite comprises entre le mérite nul et le maximum de mérite, a ; l'ordre des noms sur chaque billet ne fait qu'indiquer que l'électeur préfère le premier au second, le second au troisième, etc.]

Les nombres y_0, y_1, ... y_p sont donc ici assujettis aux seules conditions $a \geqslant y_0 \geqslant y_1 \geqslant y_2 \geqslant \dots \geqslant y_p \geqslant 0$, et la valeur moyenne de y_q est alors $a\frac{p-q+1}{p+2}$; [de là il suit que l'on peut écrire sur le billet de chaque électeur p à côté du premier nom, $p-1$ à côté du second, $p-2$ à côté du troisième, ... En réunissant ensuite tous les nombres relatifs à chaque candidat sur les divers billets, celui des candidats qui aura la plus grande somme doit être présumé le candidat qui, aux yeux de l'assemblée électorale, a le plus grand mérite, et doit par conséquent être choisi.]

Ce mode d'élection, déjà discuté antérieurement par Borda et Condorcet, avait été adopté effectivement pour l'Institut et le Bureau des Longitudes à leur création ; mais nous avons rapporté précédemment comment il fut vite abandonné, pour des raisons dont l'analyse échappe au calcul des probabilités.

Mais revenons au *Mémoire sur les probabilités*. Laplace reprend le problème de l'urne, dont nous avons parlé plus haut, en appliquant son énoncé à une question qui avait déjà excité l'attention d'Arbuthnot et de Nicolas Bernoulli, celle du rapport entre les naissances des garçons et celles des filles. Dans la quasi-constance de ce rapport, Arbuthnot voyait une preuve de la Providence divine, que n'acceptait pas Bernoulli.

Sur $p+q$ enfants, il est né p garçons et q filles ; soit x la possibilité de naissance d'un garçon, et regardons comme également probables *a priori* toutes les valeurs de x entre 0 et 1 ; la probabilité P que la valeur de x soit comprise entre deux limites données a et b ($a < b$) est le quotient des deux valeurs de l'intégrale de la fonction $x^p (1 - x)^q dx$, prise d'abord entre les limites a et b, puis entre 0 et 1. Or, comme les nombres p et q sont « furieusement grands », pour parler comme N. Bernoulli, on voit comment se pose nécessairement la question du calcul des fonctions de très grands nombres, afin [d'avoir la solution numérique d'un grand nombre de problèmes intéressants, dont la solution analytique est d'ailleurs assez simple.] C'est ainsi que s'exprime Laplace dans la lettre à Lagrange du 10 février 1783, où il annonce encore que ses recherches sur ce sujet [servent de base à un ouvrage auquel il travaille, sur la théorie des hasards, et qu'il les croit dignes d'attention, du moins s'il en juge par la peine qu'elles lui ont coûtée.]

Le principe de la méthode de Laplace pour résoudre la question ainsi posée est cependant d'une extrême simplicité ; mais lui-même fait remarquer qu'il en est presque toujours ainsi. On peut le présenter très brièvement de la façon suivante, dans le cas le plus simple et le plus usuel.

Soit J une intégrale définie réelle portant sur l'élément différentiel $y^p z dx$, y étant une fonction positive, et l'exposant p très grand positif ; nous supposons de plus que y et z ne dépendent pas de p. Pour une valeur c de x, comprise entre les limites a et b de l'intégrale, la fonction y passe par un maximum ordinaire Y, tandis qu'elle est constamment croissante avant, décroissante après.

On peut alors faire le changement de variable défini par la relation

$$y = \mathrm{Y}e^{-t^2} ;$$

les nouvelles limites de l'intégrale sont t_1 et t_2, et l'on a si l'on veut, $t_1 < 0 < t_2$.

Appelons $\varphi(t)$ la fonction $z\frac{dx}{dt}$, et supposons la dévelop-pable en série entière sous la forme $\varphi_0 + \varphi_1 \frac{t}{1} + \varphi_2 \frac{t^2}{1.2} + \ldots$, pour des valeurs suffisamment petites de t. En profitant de la formule

$$\int_{-\infty}^{+\infty} e^{-t^2}\, dt = \sqrt{\pi},$$

due à Laplace, on obtient :

$$J = Y^p \sqrt{\frac{\pi}{p}} \left(\varphi_0 + \frac{\varphi_2}{4p} + \frac{\varphi_4}{4.8.p^2} + \ldots\right)$$
$$- Y^p \int_{-\infty}^{t_1} e^{-pt^2} \varphi(t)\, dt \; - Y^p \int_{t_2}^{\infty} e^{-pt^2} \varphi(t)\, dt,$$

la série entre parenthèses pouvant être continuée régulièrement aussi loin qu'on voudra, avec addition d'un terme complémentaire convenable. Si d'ailleurs Z et Y'' sont les valeurs de z et de la dérivée seconde de y par rapport à x, pour $x = c$, on a $\varphi_0 = Z\sqrt{\frac{-2Y}{Y''}}$.

En tenant compte de l'ordre de grandeur des intégrales qui terminent l'expression précédente, on obtient ainsi des valeurs approchées de J dont l'erreur relative sera très petite, et comparable à certaines puissances négatives de p : ce sont autant de *valeurs asymptotiques* de J, et avec peu de termes, le plus souvent un seul, on a un résultat d'autant plus approché que p est plus grand, c'est-à-dire que le succès de la méthode est d'autant plus assuré qu'elle devient plus nécessaire.

Si par exemple on part de la relation connue :

$$p\,! = p^{p+1} \int_0^{\infty} (xe^{-x})^p \, dx ,$$

on trouve immédiatement la célèbre formule de Stirling

$$p\,! = p^{p+\frac{1}{2}} e^{-p} \sqrt{2\pi} \left(1 + \frac{1}{12p} + \ldots\right) ,$$

qualifiée par Laplace d'une des plus belles choses que l'on ait trouvées dans l'analyse, et la seule recherche du même genre avant lui. L'introduction de la transcendante π dans une question qui lui semble parfaitement étrangère avait beaucoup frappé les géomètres, et surtout Moivre : Stirling y était parvenu en s'aidant d'un théorème de Wallis, mais nous voyons ici la véritable raison de ce fait général.

Quand on se dispense de la considération des termes complémentaires dans l'expression donnée ci-dessus de l'intégrale J, on obtient des séries qui convergent très rapidement dans leurs premiers termes, mais souvent cette convergence diminue et finit par se changer en divergence. Cependant, Laplace affirme avec raison que cette considération ne doit pas empêcher l'usage de ces séries, en se bornant aux premiers termes, dont la convergence est rapide, [car le reste de la série qu'on néglige est le développement d'une fonction algébrique ou intégrale très petite par rapport à ce qui précède.] Il a donc le sentiment très net de la nécessité des termes complémentaires, et les détermine effectivement dans quelques cas simples, afin [d'ôter toute inquiétude] à ce sujet : mais en général, il n'y perd pas son temps. De plus, il montre que, bien souvent, on obtient ce qu'il appelle une *série limite*, c'est-à-dire telle que la somme des premiers termes est alternativement plus grande et plus petite que la véritable valeur de la série ; il en est ainsi des divers développements qu'il donne ici ou ailleurs pour calculer l'intégrale si importante de la fonction $e^{-t^2} dt$, prise depuis une limite suffisamment grande jusqu'à l'infini.

Revenons maintenant au problème de l'urne, ou des naissances : on verra d'abord que la probabilité P que le rapport x soit compris entre les limites $\frac{p}{p+q} \mp \omega$ est égale d'une façon très approchée au produit du facteur $\frac{1}{\sqrt{\pi}}$ par l'intégrale de la fonction $e^{-t^2} dt$ prise entre les deux limites $\mp \omega \sqrt{\frac{(p+q)^3}{2pq}}$. C'est la forme ordinaire de l'inversion du célèbre théorème de Jacques Bernoulli, qui peut s'énoncer ainsi : on tire $p+q$ billets d'une urne qui en renferme une infinité, le rapport du nombre de billets blancs au nombre des noirs étant celui de p à q ; la probabilité que le rapport à $p+q$ du nombre des billets blancs tirés sera compris entre les deux limites $\frac{p}{p+q} \mp \omega$ est la même que celle que nous venons de déterminer, P. Dans les deux cas, les nombres p et q sont supposés très grands, et il est essentiel d'observer que P conserve la même valeur en même temps que le produit $\omega \sqrt{p}$, regardé comme fini.

Voici quelques autres résultats : on a observé à Paris, du commencement de l'année 1745 à la fin de 1784, 393386 naissances masculines, contre 377555 féminines ; la probabilité que la possibilité de naissance d'un garçon surpasse $\frac{1}{2}$ est $1 - \frac{1}{N}$, en désignant par N un certain nombre fort grand qui a 73 chiffres à sa partie entière.

Les faits et leurs conséquences sont partout les mêmes en Europe ; cependant, à Vitteaux, en Bourgogne, on a observé d'après Buffon, les naissances de 203 garçons et 212 filles en cinq ans ; la même probabilité que ci-dessus est alors $\frac{1}{3}$ environ ; elle n'est pas assez petite pour [balancer l'analogie qui nous porte à penser qu'à Vitteaux, comme dans toutes les villes où l'on a observé un nombre considérable de naissances, la possibilité des naissances des garçons l'emporte sur celle des naissances des filles] : ce n'est qu'en se multipliant que les événements nous découvrent leurs probabilités respectives. Sur le même sujet, Laplace résout encore des problèmes plus difficiles tels que celui-ci. Le rapport observé des naissances des garçons à celles des filles est un peu plus grand à Londres qu'à Paris, ce qui semble indiquer une cause constante de cette différence ; Laplace détermine la probabilité de cette cause, et la trouve très grande ; il est ainsi amené à rechercher la raison de la différence observée, que l'on ne doit pas attribuer au hasard, et elle lui apparaît dans ce fait que les parents des campagnes environnantes, trouvant avantage à retenir près d'eux les enfants mâles, en avaient envoyé à l'hospice des enfants trouvés de Paris, un nombre moindre que celui qui correspond au rapport des naissances des deux sexes.

Il cherche aussi la probabilité que la supériorité du nombre des naissances masculines se maintiendra pendant un temps donné, par exemple dans l'espace d'un siècle, etc.

Dans le *Mémoire sur les suites* (M. A. S. P., 1779-82), on trouve, à côté d'autres sujets moins importants, une première exposition du calcul des *fonctions génératrices.* Laplace a toujours accordé une grande importance à cette théorie, et il a voulu lui ramener un peu artificiellement bien des questions dont la solution directe est au moins aussi simple. On trouve dans ce mémoire, comme dans le livre I de la *Théorie analytique* qui en est le développement, de nombreuses obscurités et imprécisions ; dans le quatrième supplément de la *Théorie analytique,* Laplace lui-même revient sur certains problèmes traités dans le corps de l'ouvrage, [dont la solution n'est nullement rigoureuse], la marche suivie n'ayant pu réussir que grâce à des circonstances particulières. Quelques mots de ce supplément autorisent d'ailleurs à penser que son fils n'était pas étranger à cette rectification.

Il paraît assez simple d'écarter toute difficulté de la conception des fonctions génératrices, qui est double en réalité.

1° soit une fonction y_x définie pour toutes les valeurs entières de l'indice x comprises entre des limites quelconques données ; la fonction génératrice de y_x est $\Sigma y_x t^x$, en appelant t une variable arbitraire. Une étude féconde est celle des relations linéaires et homogènes à coefficients constants qui existent entre les y_x indépendamment de leur nature. Une telle relation ne peut que se réduire à une identité si on la développe complètement : mais la façon dont les termes y sont groupés peut conduire à d'importantes conséquences, en fournissant par exemple diverses formules d'interpolation. Sous ce point de vue, le calcul des fonctions génératrices peut être remplacé par le calcul symbolique : substituant partout φ^x à y_x, toute relation de la nature susdite conduira à une identité de même forme entre les puissances de φ, et réciproquement.

2° En supposant que l'indice x prenne toutes les valeurs entières non négatives, on peut utiliser avec avantage dans certaines questions la fonction génératrice u de y_x, mais à la condition qu'elle ait un sens (au moins pour certaines valeurs de t), alors que précédemment ce n'était qu'une représentation purement formelle. S'il en est ainsi, la fonction génératrice de y_{x+1} sera $\frac{u - y_0}{t}$; celle de xy_x sera $t\frac{du}{dt}$; etc,

Ces notions s'étendent immédiatement aux fonctions $y_{x,x'}$ ..., à plusieurs indices ; dans le premier cas, il faut les remplacer par $\varphi^x \varphi'^{x'}$ ...

Pour comprendre comment elles permettent l'intégration d'une classe étendue d'équations aux différences finies, appliquons-les à l'équation déjà rencontrée à propos du problème des partis :

$$y_{x,x'} = \frac{1}{2} y_{x-1,x'} + \frac{1}{2} y_{x,x'-1} ;$$

quelle que soit l'origine de cette équation, il faut, pour définir complètement la solution, se donner par exemple les valeurs des $y_{x,0}$, et $y_{0,x'}$, les indices x et x' étant positifs : dans le cas actuel, on a évidemment $y_{x,0} = 0$, $y_{0,x'} = 1$. La méthode symbolique donne la relation :

$$2\varphi\varphi' = \varphi + \varphi',$$

que Laplace appelle l'*équation génératrice* de l'équation donnée ; et le problème consiste à exprimer, grâce à cette relation, le produit $\varphi^x \varphi'^{x'}$ en fonction linéaire des puissances φ^x et $\varphi'^{x'}$, séparément : il suffit à cet effet d'écrire :

$$\varphi^x \varphi'^{x'} = \frac{\varphi'^{x+x'}}{(2\varphi'-1)^x},$$

de développer le second membre suivant les puissances de $2\varphi'-1$, et de remplacer $2\varphi'-1$ par $\frac{1}{2\varphi-1}$, lorsque l'exposant de ces puissances est négatif.

D'autre part, si u est la fonction génératrice de $y_{x,x'}$ et si l'on fait $f = \Sigma y_{x,0}\, t^x$, $f' = \Sigma y_{0,x'}\, t'^{x'}$, en supposant de plus $y_{0.0} = 0$, puisque cette valeur n'intervient pas, on a immédiatement :

$$u = \frac{(2-t)f + (2-t')f'}{2-t-t'},$$

et tout revient à développer cette fonction suivant les puissances de t et t' ; dans le problème particulier considéré, on a d'ailleurs $f = 0$, $f' = t' + t'^2 + t'^3 + \ldots$.

On peut voir dans une lettre de Laplace à Lagrange du 3 février 1778 une première ébauche de ce procédé.

L'application de la première méthode est restreinte au cas des équations linéaires homogènes à coefficients constants ; celle de la seconde embrasse des cas plus étendus, sans grande utilité : ce fait et les explications données ci-dessus expliquent suffisamment pourquoi la théorie des fonctions génératrices a été vite abandonnée.

On doit noter encore que dans ce mémoire, Laplace rattache au calcul des fonctions génératrices les formules qui relient les différences finies et les dérivées, aussi bien que les intégrales et les sommes finies d'une fonction ; ces formules, qui découlent immédiatement du calcul symbolique, avaient été indiquées par Lagrange, qui semblait en regarder la démonstration directe comme difficile ; Laplace est revenu plusieurs fois sur [cette analogie très remarquable entre les puissances positives et les différences, et entre les puissances négatives et les intégrales] ; ses premières recherches à ce sujet forment la troisième partie du *Mémoire sur l'inclinaison moyenne des orbites des comètes, sur la figure de la Terre et sur les fonctions*, dont nous avons déjà parlé.

Enfin, Laplace est amené par la théorie des fonctions génératrices à compléter des recherches antérieures sur l'intégration des équations aux dérivées partielles : nous reviendrons plus loin sur ce sujet. Ajoutons seulement qu'en transportant aux différences infiniment petites certaines remarques sur une équation particulière aux différences finies partielles, il parvient à s'assurer [d'une manière incontestable que, dans le problème des cordes vibrantes, on peut admettre des fonctions discontinues, pourvu qu'aucun des angles formés par deux côtés contigus de la figure initiale de la corde ne soit fini ; d'où il me paraît que ces fonctions peuvent être généralement employées dans tous les problèmes qui se rapportent aux différences partielles, pourvu qu'elles puissent subsister avec les équations différentielles et avec les conditions du problème.] En dire plus long sur cette question qui a tant divisé les géomètres de la fin du XVIIIe siècle, nous entraînerait trop loin.

Dans le long *Mémoire sur les approximations des formules qui sont fonctions de très grands nombres* (M. A. S. P., 1782-85 et 1783-86), Laplace approfondit la méthode que nous avons analysée brièvement ; il l'étend à des intégrales doubles, et reprend les problèmes dont nous avons déjà parlé. Mais en outre, de nouvelles réflexions l'ont conduit à d'importantes généralisations ; il observe que [souvent des fonctions différentielles d'une forme très simple et qui renferment des facteurs élevés à de grandes puissances, produisent par leur intégration des fonctions très composées, ce qui donne lieu de penser que toute fonction composée est réductible à de semblables intégrales, qu'il ne s'agira plus ensuite que de convertir en séries convergentes.] Guidé par cette pensée, il cherche à intégrer les équations aux différences finies ou infiniment petites à l'aide d'intégrales définies, et obtient ainsi une méthode extrêmement remarquable dont nous pouvons indiquer le principe en quelques mots, nous bornant au cas simple où son succès est pratiquement assuré.

Soit une équation de la forme :

$$A + Bx = 0,$$

A et B étant deux fonctions linéaires et homogènes à coefficients constants de $y_x, y_{x+1}, y_{x+2}, \ldots y_{x+n}$. Cherchons une solution de la forme :

$$y_x = \int t^{x-1} \varphi dt,$$

désignant une fonction de la seule variable t, et l'intégrale étant prise suivant un chemin déterminé, indépendant de x, dans le plan qui sert à représenter la variable complexe t. En appelant P et Q deux polynômes en t, l'équation prend la forme :

$$\int (P + Qx)\, t^{x-1} \varphi dt = 0,$$

et si l'on détermine φ par l'équation différentielle

$$P\varphi - t\frac{d(Q\varphi)}{dt} = 0,$$

il suffira de choisir le chemin d'intégration de façon que la fonction $Qt^x\varphi$ prenne les mêmes valeurs à ses deux extrémités, l'expression de y_x étant finie non nulle. On peut d'ailleurs observer que l'équation qui détermine φ a un rapport étroit avec celle que l'on trouverait pour déterminer la fonction génératrice de y_x : ce qui permet à Laplace de regarder cette méthode et même celle d'approximation des fonctions de grands nombres comme une seconde branche du calcul des fonctions génératrices.

Le même procédé s'applique aux équations différentielles linéaires homogènes proprement dites, nommées *équations de Laplace*, dont les coefficients sont linéaires par rapport à la variable indépendante x ; mais alors il vaut mieux prendre la fonction inconnue sous la forme $\int e^{xt}\varphi dt$.

Bien entendu, Laplace ignore la notion d'intégration entre limites imaginaires, et ne manque pas d'en éprouver des difficultés, qu'il ne peut tourner qu'à l'aide d'ingénieux artifices sur lesquels nous avons déjà attiré l'attention.

Comme nouvelle application, on trouve dans ce mémoire la solution numérique d'un problème dont Laplace avait donné la solution analytique dès le début de ses recherches : quelle est la probabilité P que tous les numéros d'une loterie composée de n numéros, seront sortis après p tirages portant chacun sur q numéros ? Dans le cas simple de $q = 1$, déjà traité par Moivre, on a :

$$P = \frac{\Delta^n s^p}{n^p}.$$

Δ étant la caractéristique des différences finies, et la variable s, dont l'accroissement est l'unité, devant être supposée nulle à la fin du calcul. Mais cette expression si simple d'apparence conduit à des calculs impraticables si n et p sont grands ; et il serait plus difficile encore d'en tirer le nombre p qui répond à une valeur donnée de P ; pour $n = 10000$, $P = \frac{1}{2}$, on trouve $p = 95767,4$

Laplace est revenu sur le même sujet dans les additions à la *Théorie analytique* ; mais, comme dans tant d'autres cas analogues, son analyse reste peu satisfaisante. Cauchy a repris la question d'une façon rigoureuse dans un de ses premiers travaux, présenté à l'Institut en janvier 1815, mais imprimé seulement en 1841.

Le mémoire *Sur les naissances, les mariages et les morts à Paris, depuis* 1771 *jusqu'en* 1784, *et dans toute l'étendue de la France, pendant les années* 1781 *et* 1782 (M. A. S. P., 1783-86) paraît inspiré d'un ouvrage sur la population dû à un certain Moheau, qui n'est très probablement autre que le célèbre Auget baron de Montyon. Laplace communique d'abord les statistiques annoncées par le titre, car [la population est un des plus sûrs moyens de juger de la prospérité d'un empire, et les variations qu'elle éprouve, comparées aux événements qui les précèdent, sont la plus juste mesure de l'influence des causes physiques et morales sur le bonheur ou sur le malheur de l'espèce humaine. ... Ces recherches tiennent de trop près à l'histoire naturelle de l'homme pour être étrangères à l'Académie ; elles sont trop utiles pour ne pas mériter son attention.]

Mais il se propose surtout de déterminer le facteur par lequel il faut multiplier le nombre annuel des naissances pour avoir la population. Il fait voir la nécessité d'employer de grands dénombrements pour obtenir ce facteur, afin d'éliminer l'influence des causes variables. On choisira donc un grand nombre de paroisses dans toutes les provinces du royaume] pour y déterminer le rapport de la population aux naissances, d'une manière d'autant plus précise que le dénombrement sera plus considérable. Le calcul montre que pour avoir une probabilité de mille contre un de ne pas se tromper d'un demi-million dans l'évaluation de la population de la France, il faut porter le dénombrement à un million d'habitants environ.

Revenant sur la question dans la *Théorie analytique*, Laplace nous apprend que le gouvernement a bien voulu, à sa prière, donner des ordres pour avoir avec précision les données nécessaires à la solution du problème ainsi posé. Dans trente départements, distribués de manière à compenser la variabilité des climats, on a fait choix des communes dont les maires, par leur zèle et leur intelligence, pouvaient fournir les renseignements les plus précis. Le dénombrement exact des habitants de ces communes s'est fait le 22 septembre 1802, et a porté sur un peu plus de deux millions d'individus.

Il faut compter un intervalle de vingt-cinq ans avant de retrouver un nouveau travail de Laplace sur le Calcul des probabilités, si du moins l'on excepte la dernière leçon aux Écoles normales, qui est le sommaire de l'Introduction à la *Théorie analytique*. Dans le *Mémoire sur les approximations des formules qui sont fonctions de très grands nombres et sur leur application aux probabilités* (M. I. N., X, 1809-10, avec un supplément), il considère d'abord l'expression de $\Delta^p (s - p)^p$, soit :

$$s^p - C^1_p (s - 1)^p + C_p^2 (s - 2)^p - \dots ,$$

arrêtée au moment où les quantités élevées à la puissance p cessent d'être positives ; c'est d'une telle expression que dépend, nous l'avons vu, la solution du problème de l'inclinaison moyenne des orbites des comètes. La difficulté que présente le calcul approché de cette formule a longtemps arrêté Laplace ; il est enfin parvenu à la vaincre, en envisageant le problème sous un point de vue nouveau, qui l'a conduit à la solution pour le cas général où les facilités des inclinaisons suivent une loi quelconque. Ce problème est identique avec celui dans lequel on cherche la probabilité que la moyenne des erreurs d'un grand nombre d'observations sera comprise dans des limites données ; et par suite Laplace est amené ainsi à la question des erreurs, dont il donne une solution générale tout à fait remarquable, que nous analyserons un peu plus loin. Mais comme la formule qui donne $\Delta^p (s - p)^p$ est d'un grand intérêt par elle-même, il en cherche encore des démonstrations directes, qu'il reprendra dans la *Théorie analytique* et ses additions.

Dans le *Mémoire sur les intégrales définies et leur application aux probabilités, et spécialement à la recherche du milieu qu'il faut choisir entre les résultats des observations* (M. I. N., XI (1re partie), 1810-11), Laplace revient sur la théorie des fonctions génératrices, qui contient la méthode d'Arbogast, les facultés de Kramp, les fonctions inexplicables d'Euler ; il y rattache aussi le passage du fini à l'infiniment petit, qui a conduit Fermat au calcul différentiel, et il développe à ce sujet cette pensée : [Les résultats transcendants de l'analyse sont, comme toutes les abstractions de l'entendement, des signes généraux dont on ne peut déterminer la véritable étendue qu'en remontant par l'analyse métaphysique aux idées élémentaires qui y ont conduit, ce qui présente souvent de grandes difficultés ; car l'esprit humain en éprouve moins encore à se porter en avant qu'à se replier sur lui-même.]

Le calcul des fonctions génératrices est le fondement de la théorie que Laplace se propose de publier bientôt sur les probabilités, et dont il explique le plan de la façon suivante : [Les questions relatives aux événements dus au hasard se ramènent le plus souvent avec facilité à des équations aux différences : la première branche de ce calcul en fournit les solutions les plus générales et les plus simples. Mais, lorsque les événements que l'on considère sont en très grand nombre, les formules auxquelles on est conduit se composent d'une si grande multitude de termes et de facteurs, que leur calcul numérique devient impraticable.. Il est alors indispensable d'avoir une méthode qui transforme ces formules en séries convergentes. C'est ce que la seconde branche du calcul des fonctions génératrices fait avec d'autant plus d'avantage que la méthode devient plus nécessaire. Par ce moyen, on peut déterminer avec facilité les limites de la probabilité des résultats et des causes, indiqués par les événements considérés en grand nombre, et les lois suivant lesquelles cette probabilité approche de ses limites, à mesure que les événements se multiplient. Cette recherche, la plus délicate de la théorie des hasards, mérite l'attention des géomètres par l'analyse qu'elle exige, et celle des philosophes en faisant voir comment la régularité finit par s'établir dans les choses même qui nous paraissent entièrement livrées au hasard, et en nous dévoilant les causes cachées, mais constantes, dont cette régularité dépend.]

Après ces considérations générales, Laplace aborde l'étude d'un certain nombre d'intégrales définies (dénomination introduite par lui-même dans son *Mémoire sur les suites*), non point par simple jeu d'analyse, mais en raison de leur grande utilité dans la théorie des probabilités ; il a déjà calculé antérieurement quelques-unes de ces intégrales, mais d'une façon moins directe ; d'autres sont nouvelles, ou bien viennent d'être envisagées par Poisson.

Enfin il fait l'application des résultats obtenus à différents problèmes intéressants et difficiles, mais surtout à la théorie des erreurs, que nous allons expliquer et résumer maintenant aussi brièvement et aussi simplement que possible, d'après l'ensemble des recherches qu'il y a consacrées.

En nous limitant à un cas suffisamment général, considérons d'abord les différents nombres de la forme $n\omega$, n prenant toutes les valeurs entières depuis α jusqu'à ϖ. On prend p de ces nombres au hasard, dans p épreuves différentes, $n_1\omega$, $n_2\omega$, ..., $n_p\omega$, et l'on suppose que la probabilité de prendre $n\omega$ est la même à chaque épreuve, soit $\pi(n)$. Envisageons alors la somme S de ces nombres multipliés respectivement par des coefficients donnés γ_1, γ_2, ... γ_p, et en regardant les γ_k comme des fractions ordinaires de même dénominateur γ, cherchons la probabilité Q que la somme S ait une valeur donnée $\frac{s\omega}{\gamma}$, s étant un entier.

Si l'on pose

$$X_k = \Sigma\varpi(n)t^{\gamma\gamma_k n} \quad (n = \alpha, \alpha + 1, ..., \beta),$$

puis

$$X = X_1 X_2 X_3 ... X_p,$$

Q est manifestement le coefficient de t^s dans le développement de X, et par suite, si l'on fait $t = e^{\theta\sqrt{-1}}$, on a

$$Q = \frac{1}{2\pi}\int_{-\pi}^{+\pi} Xt^{-s}\, d\theta$$

Supposons alors ω infiniment petit, mais $\alpha\omega$, $\beta\omega$, finis, égaux à a, b ; en faisant $n\omega = x$, la probabilité $\varpi(n)$ devient infiniment petite de la forme $\omega\varphi(x)$; et si l'on regarde x comme une erreur d'observation, la fonction $\varphi(x)$ définit la loi de facilité de cette erreur.

En changeant θ en $\frac{\theta\omega}{\gamma}$, on a maintenant

$$X_k = \int_a^b \varphi(x) t^{\theta\gamma_k x}\, dx\,,$$

et la probabilité que la somme S ou $\Sigma\gamma_k x_k$ sera comprise entre deux nombres donnés S_1 et S_2 est exactement

$$P = \frac{1}{2\pi} \int_{S_1}^{S_2} dS \int_{-\infty}^{\infty} X t^{-S}\, d\theta\,.$$

L'intégrale de $\varphi(x)\, dx$, entre les limites a et b, est nécessairement égale à l'unité, et l'on en déduit que le module de la fonction X est maximum pour $\theta = 0$, prenant alors pour valeur l'unité ; si donc p est grand, il suffira d'étendre aux petites valeurs de θ l'intégrale relative à cette variable pour avoir une expression asymptotique de P. En appelant g, g', ... les valeurs moyennes ou probables de x, x^2, ..., faisons aussi

$$G = g\Sigma\gamma_k\,, \quad G' = \frac{1}{2}(g' - g^2)\,\Sigma\gamma_k^2, \ldots,$$

de façon qu'on ait le développement en série

$$\log X = -G'\theta^2 \ldots + \sqrt{-1}\,(G\theta - \ldots)\,;$$

on vérifie que la quantité G' est nécessairement positive, et en appelant maintenant $-t^2$ la partie réelle de log X, on a pour P un développement asymptotique dont la partie principale s'obtient sans peine sous la forme définitive

$$P = \frac{1}{\sqrt{\pi}} \int_{t_1}^{t_2} e^{-t^2} dt ,$$

en faisant

$$t_1 = \frac{S_1 - G}{2\sqrt{G'}}, \quad t_2 = \frac{S_2 - G}{2\sqrt{G'}}.$$

C'est ainsi que pour obtenir une valeur asymptotique de la formule indiquée précédemment comme solution du problème de l'inclinaison moyenne des orbites des comètes tel que nous l'avons posé, il suffit de prendre pour limites de l'intégrale P

$$t_1 = \left(\frac{s_1}{n} - \frac{p}{2}\right)\sqrt{\frac{6}{p}}, \quad t_2 = \left(\frac{s_2}{n} - \frac{p}{2}\right)\sqrt{\frac{6}{p}}.$$

Telle est la formule extrêmement remarquable qui sert de base à la théorie des erreurs de Laplace : le point essentiel est que sa forme est indépendante de la fonction $\varphi(x)$, mais le nombre p doit être supposé grand. Il faut observer d'ailleurs que cette formule n'est vraiment une valeur asymptotique que si l'une au moins des limites t_1, t_2 n'est pas très grande en valeur absolue ; dans le cas contraire, elle indique simplement que la probabilité P est très petite ou très voisine de l'unité, suivant que t_1 et t_2 sont de même signe ou non, et cela permet de l'accepter dans tous les cas.

Si l'on cherche la probabilité que la somme S sera comprise entre les deux limites $S_0 \pm s$, et que l'on regarde d'abord s comme une constante, cette probabilité sera maxima pour $S_0 = G$; la valeur la plus probable de S est égale à G, c'est-à-dire à sa valeur moyenne ou probable.

La probabilité P_0 que la somme S est comprise entre $G \pm s$ reste la même si l'on fait varier à la fois p et s, mais de façon que le rapport $\frac{s}{\sqrt{p}}$ reste le même. C'est la règle que connaissait déjà Fourier faisant mesurer par des soldats chacune des 203 marches de la pyramide de Chéops, et annonçant que l'erreur commise sur chaque marche ne serait multipliée que par 14, quand on ferait la somme des résultats.

Si l'on fait varier la fonction $\varphi(x)$, on voit encore que la probabilité P_0 restera la même lorsque S variera proportionnellement à $\sqrt{G'}$; la quantité $\frac{1}{\sqrt{G'}}$ peut donc être considérée comme le module de la probabilité de la valeur G pour S, et l'on peut appeler $\frac{1}{G'}$ le *poids* de cette valeur : cette dénomination, introduite par Laplace dans le premier supplément à la *Théorie analytique* est facile à justifier.

Montrons maintenant comment ce qui précède s'applique à la théorie de la combinaison des observations. Soit une quantité inconnue z déterminée par un grand nombre p d'équations de la forme

$$a_k z = b_k + x_k ,$$

ce qui veut dire qu'on a observé la grandeur $a_k z$, et que l'observation a donné le résultat b_k avec une erreur x_k. Pour calculer z, on a les équations incompatibles :

$$a_k z = b_k ,$$

que l'on réduit à une seule en les multipliant par des facteurs constants p_k, et ajoutant, ce qui donne la valeur

$$z_0 = \Sigma p_k b_k,$$

si l'on établit entre les p_k la relation $\Sigma p_k a_k = 1$. Les facteurs p_k sont choisis constants, afin d'éviter les calculs impraticables : mais c'est là une hypothèse arbitraire.

L'erreur commise sur z_0 est $S = \Sigma p_k x_k$.

Supposons les erreurs x_k comprises entre $-a$ et $+a$, et que la fonction $\varphi(x)$ qui définit la loi de leur facilité soit paire. D'après les notations précédentes, on a ici :

$$G = 0, \quad G' = \frac{1}{2} g' \Sigma p^2_k, \quad g' = \int_{-a}^{a} x^2 \varphi(x)\, dx.$$

La valeur la plus probable de l'erreur S est alors zéro, et si l'on fait varier le système des facteurs p_k, la probabilité que cette erreur sera comprise entre des limites données $\pm s$ sera maxima si G' est minimum. On aura donc la détermination *la plus avantageuse* de z_0 en rendant minima la somme Σp_k^2, ce qui revient, comme on le voit sans peine, à rendre minima la somme des carrés des erreurs apparentes, ou résidus, $\Sigma(a_k z_0 - b_k)^2$.

Autrement encore, en se plaçant à un point de vue déjà indiqué, les erreurs prises en valeur absolue sont assimilables à une perte au jeu, et il convient de rendre minimum le désavantage total, c'est-à-dire la valeur probable de l'erreur prise en valeur absolue ; et comme la probabilité de l'erreur S est ici $\dfrac{dS}{2\sqrt{\pi G'}}\, e^{-\frac{S^2}{4G'}}$, ce désavantage total est égal à

$$\frac{1}{\sqrt{\pi G'}} \int_0^{\infty} S e^{-\frac{S^2}{4G'}} dS,$$

de sorte qu'il faut encore rendre minimum le coefficient G'.

Il en serait absolument de même si l'on prenait pour mesure de la perte une puissance quelconque de la valeur absolue de l'erreur ; mais si l'on choisit en particulier la seconde puissance, comme l'a fait Gauss plus tard dans sa seconde méthode pour la combinaison des observations, le résultat est encore valable sans qu'il soit nécessaire de supposer grand le nombre total des observations. C'est là un point fondamental qu'il a manqué à Laplace de voir.

Après avoir déterminé de la meilleure façon la valeur de z, il ne reste plus qu'à en apprécier la précision ; à cet effet, Laplace égale pg', valeur probable de la somme des carrés des erreurs, à la somme des carrés des erreurs apparentes, ou résidus ; il en a le droit, parce que le nombre p est grand. En fait, si l'on applique les mêmes principes, en laissant p quelconque, on doit prendre

$$(p-1)\,g' = \Sigma\,(a_k z_0 - l_k)^2 ,$$

mais il faut ajouter que si p est petit, cette application devient d'une légitimité douteuse.

L'analyse précédente s'étend sans difficultés au cas où l'on doit déterminer plusieurs inconnues à l'aide d'équations linéaires en nombre surabondant.

Il ne faut pas perdre de vue que dans toute cette théorie, on suppose les observations non faites encore. Mais si les observations sont faites, on ne peut déterminer les meilleures valeurs à adopter pour les inconnues, quel que soit le point de vue où l'on se place, sans connaître la loi de l'erreur des diverses observations, et faute de cette connaissance, il faut s'en tenir au résultat le plus avantageux déterminé *a priori*.

Nous en avons assez dit pour faire comprendre comment Laplace a été conduit à la méthode des moindres carrés, déjà proposée par Legendre et par Gauss : [Cette méthode... qui jusqu'à présent ne présentait que l'avantage de fournir sans aucun tâtonnement les équations finales nécessaires pour corriger les éléments, donne en même temps les corrections les plus précises.] Legendre, en effet, l'avait indiquée le premier sans justification et, suivant ses propres paroles, « comme un moyen facile, qui établit entre les erreurs une sorte d'équilibre qui, empêchant les extrêmes de prévaloir, est très propre à faire connaître l'état du système le plus proche de la vérité. »

Pour Gauss, la méthode des moindres carrés est une conséquence immédiate de la loi bien connue qu'il adopte *a priori* pour la facilité des erreurs dans sa première théorie de la combinaison des observations. Nous avons déjà noté la répugnance de Laplace pour cette loi, qu'il analyse cependant en détail, mais qu'il ne regarde comme applicable que dans le cas où différentes séries d'observations ont déjà fourni différentes valeurs moyennes pour une même quantité inconnue, car la loi des erreurs de ces moyennes est alors celle de Gauss ; il en est ainsi par exemple des différentes valeurs que l'on trouve pour un angle mesuré au cercle répétiteur. Dans ces conditions, la méthode des moindres carrés [qui n'est qu'hypothétique lorsqu'on ne considère que des résultats donnés par une seule observation ou par un petit nombre d'observations, devient nécessaire lorsque les résultats entre lesquels on doit prendre un milieu sont donnés chacun par un très grand nombre d'observations, quelles que soient d'ailleurs les lois de facilité des erreurs de ces observations. C'est une raison pour l'employer dans tous les cas.]

Ajoutons enfin que Laplace a encore attiré l'attention sur le cas où l'erreur d'un résultat aurait des sources différentes, ainsi qu'il arrive quand on déduit la longitude d'une planète de deux observations non comparables, l'une d'ascension droite, l'autre de déclinaison.

Nous avons déjà signalé le dernier travail publié par Laplace dans les recueils de l'Académie des Sciences, intitulé : *Mémoire sur le développement de l'anomalie vraie et du rayon vecteur elliptique, en séries ordonnées suivant les puissances de l'excentricité* (M. A. S., VI, 1823-27). Il y détermine pour la première fois le rayon de convergence de ces séries, par un procédé extrêmement original et ingénieux, qui se rattache directement à la théorie des valeurs asymptotiques ; sans doute sa démonstration ne nous découvre pas les raisons profondes des choses, telles que nous nous flattons de les connaître aujourd'hui d'après les théories générales de Cauchy sur les fonctions analytiques : mais elle n'en mérite peut-être que davantage l'admiration, surtout si l'on songe que Laplace avait alors plus de soixante-quinze ans.

Parmi les quelques notes sur le calcul des probabilités que Laplace a insérées dans la *Connaissance des Temps*, nous en signalerons seulement deux. La première, *Sur les comètes*, se trouve dans le volume pour 1816 ; Laplace accepte comme la plus vraisemblable l'hypothèse d'Herschel sur l'origine des comètes ; elle [consiste à les regarder comme de petites nébuleuses formées par la condensation de la matière nébuleuse répandue avec tant de profusion dans l'univers. Les comètes seraient ainsi, relativement au système solaire, ce que les aérolithes sont par rapport à la Terre, à laquelle ils paraissent étrangers.] Admettant donc que les comètes viennent de l'infini pour tomber dans la sphère d'activité du Soleil, il trouve, par le calcul des probabilités, qu'il y a au moins 56 à parier contre l'unité que sur cent comètes observables, aucune ne décrira une hyperbole sensible, c'est-à-dire dont le demi-axe transverse serait inférieur à cent fois la distance moyenne du soleil à la Terre. Mais toute cette théorie prête à de nombreuses objections.

La seconde note est intitulée : *Sur l'application du calcul des probabilités à la philosophie naturelle* ; insérée dans le volume pour 1818, elle avait été lue à la première Classe de l'Institut le 18 septembre 1815. Elle est consacrée à la théorie des erreurs, et se retrouve en substance dans le premier supplément de la *Théorie analytique*.

Il est impossible de mieux exposer les principes qui doivent régler les observations que dans le passage suivant : [Il faut varier les circonstances des observations, de manière à éviter les causes constantes d'erreur. Il faut que les observations soient rapportées fidèlement et sans prévention, en n'écartant que celles qui renferment des causes d'erreur évidentes. Il faut qu'elles soient nombreuses, et qu'elles le soient d'autant plus qu'il y a plus d'éléments à déterminer ; car le poids du résultat moyen croît comme le nombre des observations divisé par le nombre des éléments. Il est encore nécessaire que les éléments suivent, dans ces observations, une marche différente ; car, si la marche de deux éléments était rigoureusement la même, ... ils ne formeraient qu'une seule inconnue, et il serait impossible de les distinguer par ces observations. Enfin, il faut que les observations soient précises, afin que leurs écarts du résultat moyen soient peu considérables. Le poids du résultat est par là beaucoup augmenté, son expression ayant pour diviseur la somme des carrés de ces écarts. Avec ces précautions, on pourra faire usage de la méthode précédente, et déterminer le degré de confiance que méritent les résultats déduits d'un grand nombre d'observations.]

Comme application, il trouve qu'il y a environ un million

à parier contre un que la valeur $\frac{1}{1070,35}$, trouvée par Bouvard pour la masse de Jupiter, à la suite de son immense travail sur la mise en nombres de la théorie de Jupiter et de Saturne, n'est pas en erreur d'un centième de sa propre valeur, [ou, ce qui revient à fort peu près au même, qu'après un siècle de nouvelles observations ajoutées aux précédentes et discutées de la même manière, le nouveau résultat ne différera pas du précédent d'un centième de sa valeur.] Citons J. Bertrand à ce sujet :

C'est 999308 francs, ni plus ni moins, que l'on peut risquer contre un franc. On aurait eu tort de parier dix sous : on les aurait perdus.

Poisson pense que l'erreur résulte de quelques termes fautifs dans la théorie ou l'application, et Poinsot, toujours caustique, ajoutait qu'après avoir calculé la probabilité d'une erreur, il faudrait calculer la probabilité d'une erreur dans le calcul. Mais ces boutades n'enlèvent rien à la valeur des principes ; l'aventure, qui n'est d'ailleurs pas isolée dans l'histoire de la détermination des constantes astronomiques ou physiques, montre seulement notre impuissance à prévoir toutes les causes d'erreur, constantes ou accidentelles, et qu'il ne faut pas demander aux observations comme aux principes plus qu'ils ne peuvent donner.

CHAPITRE V

RECHERCHES DE LAPLACE SUR DES SUJETS DIVERS. L'EXPOSITION DU SYSTÈME DU MONDE. LE TRAITÉ DE MÉCANIQUE CÉLESTE ET LA THÉORIE ANALYTIQUE DES PROBABILITÉS.

I

RECHERCHES SUR DES SUJETS DIVERS

Avant de donner le sommaire des grands ouvrages de Laplace, il nous reste à passer en revue les principaux travaux qu'il a publiés sur des sujets qui ne se rattachent pas directement à la mécanique céleste ou à la théorie des probabilités. Le premier de ces travaux, probablement encore un de ceux qu'il avait présentés à l'Académie dès son arrivée à Paris, se trouve dans les *Nova acta eruditorum* (Leipzig, 1771) ; écrit entièrement en latin, il est intitulé : *Disquisitiones de Calculo integrali*, et consacré à l'étude des solutions singulières des équations différentielles, sur lesquelles Euler avait attiré le premier l'attention en 1756 ; quelques-uns des résultats en sont indiqués brièvement à la fin du *Mémoire sur la probabilité des causes par les événements.*

Dans le *Mémoire sur les solutions particulières des équations différentielles* (M. A. S. P., 1772, 1re partie,-75), Laplace reprend ce sujet avec des développements plus étendus ; il énonce ainsi le problème à résoudre : Étant donnée une équation différentielle d'un ordre quelconque, d'un nombre quelconque de variables, et dont on ne connaît point l'intégrale complète : 1° déterminer si une équation d'un ordre inférieur qui y satisfait est comprise ou non dans son intégrale générale ; 2° déterminer toutes les solutions singulières de cette équation différentielle. Mais il est inutile d'insister sur sa méthode qui ne correspond plus aux idées modernes ; il n'est d'ailleurs jamais revenu sur ce sujet.

Le mémoire intitulé : *Recherches sur le calcul intégral aux différences partielles* (M. A. S. P., 1773-77), lu en 1773, et dont quelques résultats avaient été déjà imprimés eux aussi à la fin du *Mémoire sur la probabilité des causes par les événements*, est demeuré au contraire comme l'un des plus beaux travaux de Laplace sur l'analyse ; la méthode qu'il y donne pour intégrer certaines équations linéaires aux dérivées partielles du second ordre est devenue classique, et porte son nom. En le recevant, Lagrange écrit (1er septembre 1777) :

> J'en suis content au-delà de tout ce que je puis vous dire ; les articles... renferment autant de découvertes qui font le plus grand honneur à votre génie ; je vous en félicite et j'y applaudis de tout mon cœur.

Cependant, Condorcet en avait fait un extrait « assez peu juste » dans l'*Histoire de l'Académie* pour 1773, avançant d'ailleurs des choses évidemment fausses.

Dans ce mémoire, Laplace se propose de [donner une méthode pour intégrer, toutes les fois que cela est possible, les équations linéaires aux différences partielles ; cette méthode est fondée sur la forme dont les intégrales de ces équations sont susceptibles : comme la recherche de cette forme tient à la métaphysique du calcul, on pourrait craindre ici l'obscurité qui souvent accompagne la métaphysique ; je vais donc faire en sorte de présenter mes idées le plus clairement qu'il me sera possible, et de manière à ne laisser aucun nuage sur un objet aussi intéressant.] Jusqu'ici, on n'a donné que des procédés isolés ; [la méthode suivante, au contraire, en embrassant tous les cas d'intégration, réunit le double avantage de donner les intégrales complètes, lorsqu'elles sont possibles, ou de s'assurer qu'elles sont impossibles.]

En réalité, les considérations métaphysiques qui guident l'auteur, ne sont pas toujours claires, en dépit des efforts annoncés pour dissiper toute obscurité.

Dans le *Mémoire sur les Suites* déjà analysé, Laplace donne une nouvelle forme à l'intégrale générale de l'équation linéaire homogène aux dérivées partielles du second ordre, et partant de là il développe un certain nombre d'applications intéressantes, et étudie tout particulièrement l'importante équation, due à Lagrange, qui renferme les lois de la propagation du son.

Le *Mémoire sur l'usage du calcul aux différences partielles dans la théorie des suites* (M. A. S. P., 1777-80) est consacré à l'étude générale du développement des fonctions en séries. On y trouve en particulier une démonstration restée classique de la célèbre formule de Lagrange, et sa généralisation dans diverses directions : cette formule avait été trouvée par induction, et publiée dans les mémoires de Berlin pour 1769. Laplace revient aussi dans ce travail sur les relations entre les dérivées et les différences, les intégrales et les sommes finies.

Le *Mémoire sur la chaleur* (M. A. S. P., 1780-84) est dû à la collaboration de Lavoisier et de Laplace, dans des conditions que nous avons déjà indiquées. Après des réflexions sur la nature de la chaleur, les auteurs décrivent le nouveau moyen qu'ils ont employé pour mesurer la chaleur, c'est-à-dire le calorimètre à glace, et présentent le résultat de leurs expériences ; puis ils en examinent les conséquences, et traitent enfin de la combustion, de la respiration et de la chaleur animale. Mais nous ne nous attarderons pas à l'analyse détaillée de ce mémoire important et très connu : sa place est dans une étude sur l'œuvre de Lavoisier.

Il faut en dire autant du très court *Mémoire sur l'électricité qu'absorbent les corps qui se réduisent en vapeurs* (M. A. S. P., 1781-84) qui provient encore de la collaboration momentanée de Lavoisier et de Laplace. Notons cependant les dernières lignes : [M. de Volta a bien voulu assister à nos dernières expériences et nous y être utile] ; tandis que Volta rapporte dans un de ses mémoires qu'il avait songé dès 1778 à cette expérience capitale (puisqu'elle peut fournir l'explication de l'électricité atmosphérique), mais que ce fut à Paris seulement, en mars 1780, qu'elle lui réussit en compagnie de quelques membres de l'Académie des Sciences. Arago conclut qu'il faut associer ici les noms de Volta, de Lavoisier et de Laplace, sans chercher davantage à résoudre une question de priorité qui a beaucoup excité les passions.

Le *Mémoire sur les mouvements de la lumière dans les milieux diaphanes* (M. I. N., X, 1810), lu le 30 janvier 1808, est inspiré sans aucun doute par des expériences récentes de Wollaston, et surtout de Malus, membre de la Société d'Arcueil et, comme Laplace, partisan déclaré et inébranlable du système de l'émission. Il est intéressant surtout au point de vue de l'histoire des théories de la lumière, et aussi de la chaleur. Il s'agit d'expliquer les différents phénomènes de la double réfraction, observés d'abord dans le cristal d'Islande. L'expérience confirme pleinement la loi d'Huygens, déduite par son auteur de la théorie des ondulations ; [il serait bien intéressant de rapporter cette loi à des forces attractives et répulsives, ainsi que Newton l'a fait à l'égard de la loi de réfraction ordinaire.] Laplace applique alors le principe de la moindre action à la lumière, et retrouvant la loi d'Huygens à l'aide de quelques autres hypothèses simples, conclut qu'il n'y a [aucun lieu de douter qu'elle est due à des forces attractives et répulsives dont l'action n'est sensible qu'à des distances insensibles.] Comme pour le principe de Fermat, il suffit d'y renverser l'expression de la vitesse pour la ramener au principe de la moindre action. A ce propos, Laplace revendique hautement pour Descartes, contre Snellius, l'honneur de la découverte des lois de la réfraction ordinaire, bien que comme Huygens avec la réfraction extraordinaire, il n'y soit parvenu qu'au moyen de théories incertaines ou fausses.

Dans une note additionnelle, il insiste sur ce que toutes les forces attractives et répulsives de la nature se réduisent, en dernière analyse, à des forces agissant de molécule à molécule ; c'est ce qu'il a montré pour les actions capillaires, et c'est ce qu'il fait voir encore pour les phénomènes que présentent les corps élastiques ; la même considération, [étendue à la chaleur, conduit d'une manière claire et précise aux véritables équations différentielles du mouvement de la chaleur dans les corps solides et de ses variations à leur surface], et lui permet de retrouver les équations auxquelles Fourier vient de parvenir ; enfin, la théorie des actions *ad distans* de molécule à molécule fournit une démonstration directe du principe des vitesses virtuelles, qui [suppose seulement que les liens immatériels que l'on imagine entre les divers points du système ne sont ni élastiques ni extensibles avec résistance.]

Dans le *Mémoire sur divers points d'analyse* (Journal de l'École Polytechnique, XVe cahier, tome VIII, 1809), Laplace revient sur le calcul des fonctions génératrices, sur certaines équations aux dérivées partielles du second ordre, sur le passage réciproque des résultats réels aux résultats imaginaires pour obtenir les valeurs des intégrales définies, sur l'intégration des équations aux différences finies non linéaires ; et dans un dernier article sur la réduction des fonctions en tables, on trouve en particulier l'indication du moyen d'effectuer simplement une multiplication à l'aide d'une table de quarts de carrés, en vertu de l'identité :

$$xy = \frac{1}{4}(x+y)^2 - \frac{1}{4}(x-y)^2 .$$

Les autres recherches de Laplace publiées dans la *Connaissance des Temps*, le *Journal de Physique*, le *Bulletin de la Société philomatique*, les *Annales de Chimie et de Physique*, le *Journal des Mines*, se rapportent surtout à la théorie des actions capillaires, à celle des fluides élastiques, et à la vitesse du son : nous les retrouverons dans la *Mécanique céleste*.

II

L'EXPOSITION DU SYSTÈME DU MONDE

Nous ne nous arrêterons pas longtemps sur l'*Exposition du système du monde*, dont la première édition remonte à 1796.

Sans aucun appareil de formules mathématiques, mais aussi sans développements dithyrambiques trop faciles et rebattus en cette matière, Laplace s'est proposé de faire comprendre à tout le monde l'histoire passionnante du ciel, et de montrer comment le principe de la pesanteur universelle suffit à rendre compte des phénomènes les plus délicats que l'observation révèle dans le mouvement des astres : il y a réussi merveilleusement, et il serait superflu de chercher d'autres formules de louange. Il a suivi aussi à travers les âges le développement de l'astronomie, et cette partie de l'ouvrage n'est pas la moins intéressante ; suivant l'expression d'Arago, « *c'est le génie se faisant l'appréciateur impartial du génie.* »

C'est dans l'*Exposition* que Laplace présente en quelques pages finales sa célèbre hypothèse cosmogonique ; non sans défiance, nous l'avons déjà vu, car ce n'est pas un résultat de l'observation et du calcul. Elle est limitée au système solaire, et sans doute Laplace ignorait les travaux antérieurs de Kant, qui avait étendu à l'univers stellaire ses conceptions si souvent inacceptables ; il dit en effet que Buffon est le seul qui ait essayé de remonter à l'origine des planètes et des satellites, en supposant qu'une comète, tombant sur le Soleil, en a chassé un torrent de matière qui s'est réuni au loin, en divers globes plus ou moins grands et plus ou moins éloignés de cet astre ; ces globes, devenus par leur refroidissement opaques et solides, sont les planètes et leurs satellites.

Mais cette hypothèse n'explique pas les cinq phénomènes suivants dont nous disposons, d'après Laplace, pour remonter à la cause des mouvements primitifs du système planétaire : [les mouvements des planètes dans un même sens et à peu près dans un même plan ; les mouvements des satellites dans le même sens que ceux des planètes ; les mouvements de rotation de ces différents corps et du Soleil, dans le même sens que leurs mouvements de projection et dans des plans peu différents ; le peu d'excentricité des orbes des planètes et des satellites ; enfin, la grande excentricité des orbes des comètes, quoique leurs inclinaisons aient été abandonnées au hasard.]

Si l'on veut remonter à la véritable cause de ces phénomènes : [quelle que soit sa nature, puisqu'elle a produit ou dirigé les mouvements des planètes, il faut qu'elle ait embrassé tous ces corps, et, vu la prodigieuse distance qui les sépare, elle ne peut qu'avoir été un fluide d'une immense étendue. Pour leur avoir donné dans le même sens un mouvement presque circulaire autour du Soleil, il faut que ce fluide ait environné cet astre comme une atmosphère. La considération des mouvements planétaires nous conduit donc à penser qu'en vertu d'une chaleur excessive, l'atmosphère du soleil s'est primitivement étendue au-delà des orbes de toutes les planètes, et qu'elle s'est resserrée successivement jusqu'à ses limites actuelles.] C'est le principe de l'hypothèse de la nébuleuse, trop connue pour que nous en poursuivions l'exposition. On sait les développements qu'elle a pris, les discussions qu'elle a suscitées, les nouvelles hypothèses qu'on a voulu lui substituer ; mais, ainsi que le dit H. Poincaré :

Si elle est vieille, sa vieillesse est vigoureuse, et pour son âge elle n'a pas trop de rides. Malgré les objections qu'on lui a opposées, malgré les découvertes que les astronomes ont faites, et qui auraient bien étonné Laplace, elle est toujours debout ; et c'est encore elle qui rend le mieux compte de bien des faits : c'est elle qui répond le mieux à la question que s'était posée son auteur : pourquoi l'ordre règne-t-il dans le système solaire si cet ordre n'est pas dû au hasard ? De temps en temps une brèche s'ouvrait dans le vieil édifice ; mais elle était promptement réparée, et l'édifice ne tombait pas.

III

LE TRAITÉ DE MÉCANIQUE CÉLESTE

Pour donner une notion suffisamment précise du *Traité de Mécanique céleste* comme de la *Théorie analytique des probabilités*, nous n'avons pas beaucoup plus à faire maintenant que de dire comment les matières y sont réparties, puisque nous les avons déjà presque toutes analysées, en suivant avec quelque détail le progrès constant que l'on observe dans le développement de la pensée de Laplace.

Le préambule de la *Mécanique céleste* est fort court : Laplace se propose [de présenter sous un même point de vue les théories éparses dans un grand nombre d'ouvrages, et dont l'ensemble, embrassant tous les résultats de la gravitation universelle sur l'équilibre et sur les mouvements des corps solides et fluides qui composent le système solaire et les systèmes semblables répandus dans l'immensité des cieux, forme la mécanique céleste. L'astronomie, considérée de la manière la plus générale, est un grand problème de mécanique, dont les éléments des mouvements célestes sont les arbitraires ; sa solution dépend à la fois de l'exactitude des observations et de la perfection de l'analyse, et il importe d'en bannir tout empirisme et de la réduire à n'emprunter de l'observation que les données indispensables.]

Les deux premiers volumes, publiés en l'an VII, forment la première partie de l'ouvrage : *Théorie générale des mouvements et de la figure des corps célestes* ; elle est partagée en cinq livres, dont les deux premiers forment le premier volume.

Le livre premier, intitulé : *Des lois générales de l'équilibre et du mouvement*, est un traité succinct de mécanique rationnelle, comprenant la théorie du mouvement des fluides ; on y rencontre parfois des obscurités, et son intérêt serait singulièrement relevé si l'auteur n'avait pas, ici comme dans la suite, supprimé systématiquement les indications historiques, en les réservant pour la dernière partie de l'ouvrage.

Le livre II, *De la loi de la pesanteur universelle et du mouvement des centres de gravité des corps célestes*, ne renferme rien que nous n'ayons déjà vu ; il en est de même du livre III, *De la figure des corps célestes*, et du livre IV, *Des oscillations de la mer et de l'atmosphère*.

Dans le livre V, *Des mouvements des corps célestes autour de leurs propres centres de gravité*, Laplace expose d'abord la théorie générale de la précession et de la nutation d'après les recherches de d'Alembert et d'Euler, en les complétant sur plusieurs points importants que nous avons déjà signalés : il étudie en effet l'influence de la fluidité de la mer sur ces phénomènes, et il discute avec soin les déplacements possibles des pôles à la surface du sphéroïde terrestre, ainsi que les altérations éventuelles du mouvement de rotation de la Terre, et les variations du jour moyen.

Pour le mouvement de la Lune sur elle-même, il ne fait que perfectionner la belle théorie de Lagrange, en déterminant l'influence des grandes inégalités séculaires des mouvements de la Lune sur les phénomènes de sa libration, et concluant que l'attraction de la Terre rend invisible à jamais l'hémisphère opposé à celui que nous présente le sphéroïde lunaire. Il termine enfin par l'étude des mouvements des anneauxde Saturne.

La seconde partie du *Traité* est consacrée aux *Théories*

particulières des mouvements célestes, et partagée comme la première en cinq livres dont les deux premiers forment le troisième volume, de l'an XI, et les trois autres le quatrième volume, de l'an XIII = 1805.

Dans le livre VI, *Théorie des mouvements planétaires*, on trouve d'abord la détermination analytique des inégalités dépendantes de la seconde dimension des excentricités et des inclinaisons, d'après les équations que Laplace a définitivement adoptées depuis sa théorie de *Jupiter et de Saturne* ; puis le calcul abrégé des inégalités dépendantes des dimensions supérieures de ces mêmes quantités, ou bien du carré de la force perturbatrice ; mais il y a là d'assez nombreuses méprises. Laplace discute ensuite les perturbations dues à l'ellipticité du soleil, à l'action des satellites et des étoiles, et donne les théories numériques des diverses planètes.

Le livre VII est consacré à la *Théorie de la Lune*. Par les indications que nous avons données à plusieurs reprises, nous connaissons déjà la méthode de Laplace pour cette étude ; les formules sont réduites en nombres, et comparées aux observations. De plus, on tient compte ici des inégalités les plus simples dues à l'action des planètes, en mettant en évidence la distinction qu'il faut établir entre l'action directe et l'action indirecte.

Nous avons vu antérieurement aussi ce qu'était le *Supplément* au tome III de la *Mécanique Céleste*, présenté au Bureau des Longitudes le 17 août 1808.

Le livre VIII est la *Théorie des satellites de Jupiter, de Saturne et d'Uranus*, mais surtout celle des satellites de Jupiter. Sans rien ajouter à ce que nous avons déjà dit à ce sujet, signalons seulement cette recommandation que l'on trouve dans la préface : [les observations de l'entrée et de la sortie des satellites et de leurs ombres sur le disque de Jupiter répandraient beaucoup de lumière sur la grandeur de leurs disques et sur plusieurs autres éléments de la théorie des satellites. Ce genre d'observations, trop négligé par les astronomes, me paraît devoir fixer leur attention] ; cependant, Laplace ne donne pas les formules correspondantes.

Les livres IX et X sont entièrement nouveaux, à quelques pages près. Dans le premier, consacré à la *Théorie des comètes*, Laplace expose d'abord une méthode pour calculer les perturbations des éléments des comètes, fondée sur l'emploi des quadratures mécaniques, dont il donne les règles, et aussi sur celui des quadratures analytiques, pour la partie supérieure de l'orbite. Ne pouvant, contre son désir, appliquer lui-même cette méthode au prochain retour de la comète de Halley, observée en 1682 et 1759, il se borne [à la développer avec assez d'étendue pour que l'on n'éprouve, dans ses applications, d'autres difficultés que celle des substitutions numériques.]

Un second chapitre traite des perturbations du mouvement des comètes lorsqu'elles approchent très près des planètes. Si une comète approche suffisamment de Jupiter pour entrer dans sa *sphère d'activité*, son orbite devient une section conique ayant Jupiter pour foyer ; puis, quand elle sort de cette sphère, le Soleil reprend son rôle ordinaire de centre principal d'attraction, mais la nouvelle orbite de la comète est très différente de ce qu'elle était tout d'abord. C'est l'histoire de la première comète de 1770, dite de Lexell ; celui-ci a reconnu que l'orbite était elliptique, avec une durée de révolution de 5 ans deux tiers environ ; et Burckardt a confirmé ensuite ce résultat fort singulier, car on pensait alors que les comètes ne pouvaient avoir que des orbites paraboliques, ou presque paraboliques. Cependant la comète n'avait pas été observée avant 1770, et on ne l'a pas revue depuis. [Pour expliquer ce phénomène, Lexell a remarqué qu'en 1767 et 1779, cette comète a fort approché de Jupiter, dont la grande action a pu changer la distance périhélie de la comète de manière à la rendre visible en 1770, d'invisible qu'elle était auparavant, et à la rendre ensuite invisible depuis 1779.] C'est ce que les calculs de Burckardt, entrepris à la prière de Laplace, ont encore vérifié.

Cette même comète est aussi celle qui a le plus approché de la Terre ; l'observation n'ayant révélé cependant aucune perturbation extraordinaire dans le mouvement de cette planète, il faut en conclure que la masse de la comète est d'une extrême petitesse ; et cette conséquence doit être généralisée, puisque l'on ne constate aucune action sensible des comètes sur les planètes et leurs satellites.

Le livre X, intitulé : *Sur divers points relatifs au système du monde*, débute par la théorie des réfractions astronomiques. Laplace forme d'abord l'équation différentielle du mouvement de la lumière, d'après la théorie de l'émission, en admettant que les corps transparents exercent sur la lumière des actions qui ne sont sensibles qu'à de très petites distances. Pour intégrer cette équation, il faudrait connaître la loi suivant laquelle la densité des couches de l'atmosphère diminue à mesure que l'altitude augmente. Les deux limites de cette loi correspondent à une densité constante, ou à une température constante ; et dans ce dernier cas, la densité décroît en progression géométrique quand la hauteur croît en progression arithmétique. Aucune de ces deux hypothèses ne convient à la réfraction horizontale observée ; Laplace prend donc une hypothèse intermédiaire, susceptible d'ailleurs de faciliter l'intégration, et il en déduit d'excellents résultats ; il retrouve ainsi l'intégrale de la fonction $e^{-t^2}\,dt$ et en développe les propriétés. Il étudie encore l'influence de l'humidité sur la réfraction, puis les réfractions terrestres, et la loi de l'extinction de la lumière des astres dans l'atmosphère ; en étendant cette loi à l'atmosphère du Soleil, il rend compte des expériences de Bouguer, qui a trouvé la lumière du disque solaire moins intense vers ses bords qu'au centre.

Les recherches sur la réfraction, fondées sur la constitution de l'atmosphère, conduisent naturellement Laplace à la formule très simple qui porte son nom, pour mesurer la hauteur des montagnes par le baromètre. Cette formule dépend de la loi qui exprime la densité ou la température des couches de l'atmosphère en fonction de l'altitude ; mais, en raison de la faible différence des hauteurs, [toute fonction qui représente à la fois les températures des deux stations inférieure et supérieure, et suivant laquelle la température diminue à peu près en progression arithmétique de l'une à l'autre, est admissible, et l'on peut choisir celle qui simplifie le plus le calcul.] La constante de la formule a été déterminée par Ramond, en comparant un grand nombre de mesures de montagnes par le baromètre avec leurs mesures trigonométriques.

Dans un autre chapitre, Laplace traite de la chute des corps qui tombent d'une grande hauteur, en tenant compte du mouvement de rotation de la terre, et de la résistance de l'air ; il envisage aussi le cas plus général du mouvement quelconque d'un point pesant.

Enfin, il revient sur les cas dans lesquels le mouvement d'un système de corps qui s'attirent peut être exactement déterminé, et il reprend la théorie des équations séculaires dues à la résistance d'un fluide éthéré répandu autour du Soleil. [Si la lumière consiste dans les vibrations d'un fluide élastique, l'analyse précédente donnera l'effet de sa résistance sur le mouvement des planètes et des comètes. Si elle est une émanation du Soleil, la même analyse donnera encore avec quelques modifications légères, l'effet de son impulsion. En effet, on peut transporter en sens contraire, à la lumière, le mouvement réel de la planète, et considérer celle-ci comme immobile, ce qui ne change rien à leur action réciproque. Alors la lumière agit sur la planète suivant une direction un peu inclinée à sa direction primitive... Mais cet effet (d'accélération) est détruit par la diminution de la masse du Soleil, qui doit avoir lieu dans cette hypothèse ; alors la force attractive de cet astre diminuant sans cesse, les orbes des planètes se dilatent de plus en plus, et leurs mouvements se ralentissent incomparablement plus qu'ils ne s'accélèrent par l'impulsion de la lumière. Les observations n'indiquant aucune variation dans le moyen mouvement de la Terre, j'en conclus : 1° que le Soleil depuis deux mille ans n'a pas perdu la deux millionième partie de sa substance ; 2° que l'effet de l'impulsion de la lumière sur l'équation séculaire de la Lune est insensible. L'analyse de cet effet s'applique à la gravité, considérée comme produite par l'impulsion d'un fluide gravifique mû avec une extrême rapidité vers le corps attirant. Il en résulte que, pour satisfaire aux phénomènes, il faut supposer à ce fluide une vitesse excessive et cent millions de fois au moins plus grande que celle de la lumière. »

Le livre se termine par un supplément aux théories de Jupiter, de Saturne et de la Lune.

Un important supplément au livre X, publié en 1806, contient les premières recherches de Laplace *Sur l'action capillaire* ; après y avoir longtemps travaillé, il a enfin reconnu que les effets de cette action sont dus, comme ceux du pouvoir réfringent, à des forces moléculaires ne s'exerçant qu'à des distances insensibles. Clairaut le premier a essayé de soumettre à un calcul rigoureux les phénomènes des tubes capillaires, mais sa théorie paraît « insignifiante » à Laplace ; si elle a donné cependant quelques résultats exacts, [ce n'est pas le seul exemple de suppositions fausses ayant conduit à des vérités ; mais la découverte d'une vérité n'appartient qu'à celui qui, le premier, la démontre.]

Voici comment Laplace énonce son théorème fondamental : [Dans toutes les lois qui rendent l'attraction insensible à des distances sensibles, l'action d'un corps terminé par une surface courbe sur un canal intérieur infiniment étroit, perpendiculaire à cette surface dans un point quelconque, est égale à la demi-somme des actions sur le même canal de deux sphères qui auraient pour rayon le plus grand et le plus petit des rayons osculateurs de la surface à ce point.] Au moyen de ce théorème et des lois de l'hydrostatique, il détermine la vraie cause de l'ascension ou de l'abaissement des fluides dans les tubes capillaires en raison inverse de leurs diamètres ; de la tendance au rapprochement que manifestent deux plans verticaux parallèles plongés dans un fluide par leurs extrémités inférieures ; de la suspension d'une goutte de fluide dans un tube capillaire conique ou entre deux plans formant entre eux un très petit angle, etc. La théorie est confirmée par d'anciennes observations d'Hawksbee, rapportées par Newton, et par de nouvelles expériences faite par Haüy et Tremery, à la prière de Laplace.

Un *Supplément à la théorie de l'action capillaire* a pour objet [de perfectionner la théorie déjà donnée des phénomènes capillaires, d'en étendre les applications, de la confirmer par de nouvelles comparaisons de ses résultats avec l'expérience..., et de mettre de plus en plus en évidence l'identité des forces attractives dont l'action capillaire dépend avec celles qui produisent les affinités.]

Laplace revient sur sa théorie pour la présenter sous un nouveau point de vue, traite de l'attraction et de la répulsion apparente des petits corps qui nagent à la surface des fluides, de l'adhésion des disques à la surface des fluides et des expériences de Gay-Lussac à ce sujet, de la figure d'une large goutte de mercure et de la dépression de ce fluide dans un tube de verre de grand diamètre. Il termine par des considérations générales sur les forces moléculaires qui sont la source des affinités chimiques, et expliquent les phénomènes observés par Berthollet dans la formation des sels ; sur la façon dont les effets de ces forces sont modifiés par la figure des molécules élémentaires, la force répulsive de la chaleur, l'élasticité, la dureté, la viscosité des corps : [la discussion de ces causes et des circonstances qui les développent est la partie la plus délicate de la chimie, et constitue la philosophie de cette science, en nous faisant connaître, autant qu'il est possible, la nature intime des corps, la loi des attractions de leurs molécules et celle des forces étrangères qui les animent.] Enfin, il critique les théories de Jurin et de Segner, et rapproche ses recherches de celles toutes récentes de Thomas Young.

Dans le cinquième et dernier volume de la *Mécanique céleste*, Laplace va remplir l'engagement qu'il a pris dès le début, de terminer son ouvrage par une notice historique des travaux des géomètres sur la mécanique céleste ; de plus, il y fait entrer les nouvelles recherches qu'il a déjà publiées sur divers points de cette science dans les *Mémoires de l'Institut* et dans la *Connaissance des Temps*.

Ce volume est divisé en six livres dont voici les titres et les dates de publication :

Livre XI, *De la figure et de la rotation de la Terre* (mars 1823).

Livre XII, *De l'attraction et de la répulsion des sphères, et des lois de l'équilibre et du mouvement des fluides élastiques* (avril 1823) ;

Livre XIII, *Des oscillations des fluides qui recouvrent les planètes* (février 1824).

Livre XIV, *Du mouvement des corps célestes autour de leur centre de gravité* (juillet 1824).

Livre XV, *Du mouvement des planètes et des comètes* ;

Livre XVI, *Du mouvement des satellites* (décembre 1824).

Enfin le volume est terminé par un supplément imprimé sur le manuscrit trouvé dans les papiers de Laplace après sa mort (1827), et partagé en trois paragraphes : sur le développement en série du radical qui exprime la distance mutuelle de deux planètes ; sur le développement des coordonnées elliptiques ; sur le flux et le reflux lunaire atmosphérique.

D'après les développements donnés antérieurement, il suffit de nous arrêter sur le livre XII. Laplace y établit d'abord les lois générales de l'attraction des sphères, lorsque la force est une fonction quelconque de la distance, et pour en tirer l'explication des phénomènes que présentent les fluides élastiques, il fait les suppositions suivantes : les molécules des gaz sont à une distance telle que leur action mutuelle soit insensible, ce qui lui paraît être la propriété caractéristique de ces fluides et même des vapeurs qu'une légère compression ne suffit point à réduire en partie à l'état liquide ; ces molécules retiennent par leur attraction le calorique et leur répulsion mutuelle est due à la répulsion mutuelle des molécules du calorique, répulsion évidemment indiquée par l'accroissement du ressort des gaz quand leur température augmente ; enfin cette répulsion n'est sensible qu'à des distances imperceptibles.

En développant ces hypothèses, il obtient les lois du mélange des gaz, puis les équations différentielles de leur mouvement, qui [diffèrent essentiellement des formules connues en ce qu'elles contiennent les forces qui résultent du développement de la chaleur par l'accroissement de densité des diverses parties des gaz en mouvement. Ces forces n'ont aucune influence sensible sur les mouvements de l'air considéré en masse, ... mais elles ont une influence considérable sur ses vibrations.] C'est là le point capital de l'analyse de Laplace, de quelque façon que l'on apprécie ses hypothèses.

L'application la plus importante que l'on ait faite des équations du mouvement des fluides élastiques est relative à la vitesse du son dans l'air. Newton en a donné la formule que l'expérience ne confirme pas : la différence avec l'observation s'élève au sixième de la vitesse totale. Laplace a remarqué le premier qu'en ayant égard à la chaleur qui se développe dans les vibrations des gaz et qui augmente leur ressort, on avait l'explication véritable de la différence observée, et Poisson a développé sa remarque ; enfin, il est parvenu au théorème suivant publié dans les *Annales de Physique et de Chimie* (1816) : [La vitesse du son est égale au produit de la vitesse que donne la formule newtonienne par la racine carrée du rapport de la chaleur spécifique de l'air sous une pression constante à sa chaleur spécifique sous un volume constant.] Ce rapport est déterminé par l'expérience de Clément et Desormes, et confirmé par celles de Gay-Lussac et Welter ; d'autres expériences de Laroche et Bérard viennent encore à l'appui de la théorie.

On comprend qu'après avoir si bien réussi à expliquer tant de phénomènes divers par la considération des forces attractives et répulsives qui ne sont sensibles qu'à des distances imperceptibles, Laplace n'ait jamais abandonné la théorie de l'émission de la lumière, et que rapprochant ses nouvelles recherches de celles sur l'action capillaire, il écrive encore : [Tous les phénomènes terrestres dépendent de ce genre de forces, comme les phénomènes célestes dépendent de la gravitation universelle. Leur considération me paraît devoir être maintenant le principal objet de la philosophie mathématique. Il me semble même utile de l'introduire dans les démonstrations de la mécanique, en abandonnant les considérations abstraites de lignes sans masse flexibles ou inflexibles et de corps parfaitement durs.]

IV

LA THÉORIE ANALYTIQUE DES PROBABILITÉS

L'introduction à cet ouvrage, ou *Essai philosophique sur les probabilités*, est une exposition magistrale, digne pendant de l'*Exposition du système du monde*, des principes de la théorie des probabilités et de leurs applications les plus intéressantes, sans le secours du calcul. Elle n'a paru qu'avec la seconde édition de l'ouvrage, en 1814 ; ne suffit-il pas d'ailleurs pour la dater d'en citer ce passage, d'une vérité plus éclatante encore aujourd'hui qu'il y a cent ans, et commentaire admirable de l'*Et nunc reges intelligite* : [Ainsi des chances favorables et nombreuses étant constamment attachées à l'observation des principes éternels de raison, de justice et d'humanité qui fondent et maintiennent les sociétés, il y a un grand avantage à se conformer à ces principes et de graves inconvénients à s'en écarter... Considérez encore les avantages que la bonne foi a procurés aux gouvernements qui en ont fait la base de leur conduite, et comme ils ont été dédommagés des sacrifices qu'une scrupuleuse exactitude à tenir ses engagements leur a coûtés. Quel immense crédit au-dedans ! quelle prépondérance au dehors ! Voyez, au contraire, dans quel abîme de malheurs les peuples ont été souvent précipités par l'ambition et par la perfidie de leurs chefs. Toutes les fois qu'une grande puissance, enivrée de l'amour des conquêtes, aspire à la domination universelle, le sentiment de l'indépendance produit entre les nations menacées une coalition, dont elle devient presque toujours la victime. Pareillement, au milieu des causes variables qui étendent ou qui resserrent les divers états, les limites naturelles, en agissant comme causes constantes, doivent finir par prévaloir.]

Nous en avons dit assez précédemment pour faire comprendre l'esprit général de cette introduction à une science qui a commencé par la considération des jeux, pour s'élever ensuite aux plus importants objets des connaissances humaines. Contentons-nous de transcrire encore les dernières lignes : [Si l'on considère les méthodes analytiques auxquelles cette théorie a donné naissance, la vérité des principes qui lui servent de base, la logique fine et délicate qu'exige leur emploi dans la solution des problèmes, les établissements d'utilité publique qui s'appuient sur elle, et l'extension qu'elle a reçue et qu'elle peut recevoir encore par son application aux questions les plus importantes de la philosophie naturelle et des sciences morales ; si l'on observe ensuite que, dans les choses mêmes qui ne peuvent être soumises au calcul, elle donne les aperçus les plus sûrs qui puissent nous guider dans nos jugements, et qu'elle apprend à se garantir des illusions qui souvent nous égarent, on verra qu'il n'est point de science plus digne de nos méditations et qu'il soit plus utile de faire entrer dans le système de l'instruction publique.]

La *Théorie analytique* est divisée en deux livres dont le premier a pour objet le *Calcul des fonctions génératrices* ; nous avons déjà vu comment Laplace envisage ce calcul d'un point de vue très général, et lui rattache sans nécessité un grand nombre d'autres questions. Dans une première partie, intitulée : *Considérations générales sur les éléments des grandeurs*, il expose sa théorie, qui étend à des caractéristiques quelconques la notation cartésienne des exposants, et montre avec évidence l'analogie des puissances et des opérations indiquées par ces caractéristiques ; l'intégration des équations linéaires aux différences en est une conséquence immédiate : c'est le calcul symbolique, dont on peut faire remonter l'origine à Leibniz.

La *Théorie des approximations des formules qui sont fonctions de très grands nombres*, forme la seconde partie ; on y trouve encore les méthodes d'intégration des équations linéaires aux différences finies ou infiniment petites que nous avons déjà décrites, et de nombreuses applications.

Le livre II est la *Théorie générale des probabilités*. Après avoir rappelé les principes généraux de cette théorie, Laplace résout d'abord un grand nombre de problèmes relatifs au jeu, qui ont déjà, tous, plus ou moins occupé les géomètres du XVIIIe siècle et lui-même ; et il applique à leur solution ses formules d'approximation pour les fonctions de grands nombres. Il traite ensuite des lois de la probabilité qui résultent de la multiplication indéfinie des événements ; de la théorie des erreurs et de la façon de combiner les observations pour obtenir les résultats moyens les plus avantageux ; de la probabilité des causes et des événements futurs, tirée des événements observés ; de l'application du calcul des probabilités à la recherche des phénomènes et de leurs causes.

Arrêtons-nous un instant sur ce dernier point pour signaler quelques considérations nouvelles intéressantes. Comme exemple, Laplace choisit l'étude de la variation diurne du baromètre ; il apprécie la probabilité de l'existence d'une cause constante qui la produit, et la trouvant très grande, détermine la valeur la plus probable de l'étendue de cette variation, ainsi que l'erreur qu'on peut commettre sur cette évaluation. Il a fait de même à l'égard des petites inégalités constatées dans les mouvements célestes, et c'est la grande probabilité de leur existence réelle qui l'a conduit à en rechercher les causes. [On voit par là combien il faut être attentif aux indications de la nature, lorsqu'elles sont le résultat d'un grand nombre d'observations, quoique d'ailleurs elles soient inexplicables par les moyens connus... On peut encore, par l'analyse des probabilités, vérifier l'existence ou l'influence de certaines causes dont on a cru remarquer l'action sur les êtres organisés... Les phénomènes singuliers, qui résultent de l'extrême sensibilité des nerfs dans quelques individus, ont donné naissance à diverses opinions sur l'existence d'un nouvel agent que l'on a nommé magnétisme animal, sur l'action du magnétisme ordinaire et l'influence du Soleil et de la Lune dans quelques affections nerveuses, enfin sur les impressions que peut faire naître la proximité des métaux ou d'une eau courante... Nous sommes si éloignés de connaître tous les agents de la nature, qu'il serait peu philosophique de nier l'existence des phénomènes, uniquement parce qu'ils sont inexplicables dans l'état actuel de nos connaissances. Seulement nous devons les examiner avec une attention d'autant plus scrupuleuse qu'il paraît difficile de les admettre, et c'est ici que l'analyse des probabilités devient indispensable pour déterminer jusqu'à quel point il faut multiplier les observations ou les expériences pour avoir en faveur de l'existence des agents qu'elles semblent indiquer une probabilité supérieure à toutes les raisons que l'on peut avoir d'ailleurs de la rejeter.]

Les derniers chapitres sont consacrés à diverses applications aux sciences économiques ; ils traitent des durées moyennes de la vie, des mariages et des associations quelconques ; des bénéfices dépendants de la probabilité des événements futurs, tels que ceux des établissements fondés sur la probabilité de la vie ; de l'espérance morale ; de la probabilité des témoignages et de la bonté des jugements des tribunaux. Nous avons déjà dit quelques mots sur ce dernier point ; quant à l'espérance morale, on sait qu'elle correspond à l'idée que, plus on est riche, moins une somme très petite peut être [avantageuse, toutes choses égales d'ailleurs] ; de sorte que [la supposition la plus naturelle que l'on puisse faire est celle d'un avantage moral réciproque du bien de la personne intéressée.] Mais Laplace fait aussi remarquer avec soin que l'avantage moral que peut procurer une somme espérée dépend d'une infinité de circonstances propres à chaque individu, et qu'il est impossible d'évaluer.

Le principe de l'espérance morale avait été mis en avant par D. Bernoulli pour expliquer la soi-disant différence entre le résultat du calcul et l'indication du sens commun dans le problème connu sous le nom de *paradoxe de Saint-Pétersbourg*, proposé pour la première fois par Nicolas Bernoulli, et qui a si fort exercé les géomètres du temps : Deux joueurs A et B jouent à croix ou pile, la partie ne comportant pas plus de *n* coups, et s'arrêtant dès que croix arrive ; si c'est au premier, au second, au troisième... coup A payera à B deux, quatre, huit... francs. Il est clair que pour l'égalité mathématique du jeu, B doit donner *n* francs à A en commençant le jeu, somme qui devient infinie, si le jeu continue à l'infini ; et cependant personne à ce jeu ne risquera avec prudence une somme même assez modique telle que cent francs, malgré la possibilité de gagner 2^{100} francs, si croix n'arrive qu'au dernier coup.

L'ouvrage est complété par des additions et quatre suppléments dont nous avons déjà eu l'occasion de parler suffisamment pour qu'il ne soit pas utile d'y revenir. Constatons seulement, pour conclure, que la *Théorie analytique* est très loin d'être une simple collection de formules relatives aux principaux problèmes qui relèvent du calcul des probabilités; c'est peut-être plus encore une théorie philosophique qu'une théorie analytique des probabilités.

En terminant cette étude trop sommaire, il nous reste un vœu à exprimer : c'est que, malgré son imperfection, elle inspire au lecteur la même résolution qu'au général Bonaparte écrivant à Laplace pour le remercier de l'envoi d'un volume de la *Mécanique céleste*. « Les premiers six mois dont je pourrai disposer seront employés à lire votre bel ouvrage. »

ABBEVILLE. — IMPRIMERIE F. PAILLART.

www.ingramcontent.com/pod-product-compliance
Ingram Content Group UK Ltd.
Pitfield, Milton Keynes, MK11 3LW, UK
UKHW021150260726
13994UKWH00001B/381

9 782329 033624